中国建筑常识

林徽因◎著

不鄙文丛

北京理工大学出版社
BEIJING INSTITUTE OF TECHNOLOGY PRESS

图书在版编目（CIP）数据

中国建筑常识 / 林徽因著. —北京：北京理工大学出版社，2017.8（2023.11重印）

（不鄙文丛）

ISBN 978-7-5682-4070-3

Ⅰ. ①中…　Ⅱ. ①林…　Ⅲ. ①建筑艺术 – 中国 – 普及读物　Ⅳ. ①TU-862

中国版本图书馆CIP数据核字（2017）第115826号

出版发行 / 北京理工大学出版社有限责任公司
社　　址 / 北京市海淀区中关村南大街 5 号
邮　　编 / 100081
电　　话 / （010）68914775（总编室）
（010）82562903（教材售后服务热线）
（010）68948351（其他图书服务热线）
网　　址 / http：//www. bitpress. com. cn
经　　销 / 全国各地新华书店
印　　刷 / 天津光之彩印刷有限公司
开　　本 / 710 毫米 × 1000 毫米　1/16
印　　张 / 14.5
字　　数 / 200 千字
版　　次 / 2017 年 8 月第 1 版　2023 年 11 月第 12 次印刷
定　　价 / 36. 00 元

责任编辑 / 徐艳君
文案编辑 / 徐艳君
责任校对 / 周瑞红
责任印制 / 李志强

目录

第一编

一　论中国建筑之几个特征 · 002

二　祖国的建筑传统与当前的建设问题 · 014

三　中国建筑发展的历史阶段 · 021

第一阶段——从远古到殷 · 022

第二阶段——西周到春秋 · 战国 · 026

第三阶段——秦 · 汉 · 三国 · 030

第四阶段——晋 · 南北朝 · 隋 · 034

第五阶段——唐 · 五代 · 辽 · 037

第六阶段——两宋到金 · 元 · 043

第七阶段——明 · 清两朝和旧中国时期 · 048

结　论 · 053

四　《中国建筑史》第六章　宋 · 辽 · 金　部分 · 055

第二节　北宋宫殿苑囿寺观都市 · 055

第三节　辽之都市及宫殿 · 066

第四节　金之都市宫殿佛寺 · 068

第五节　南宋之临安 · 073

第二编

五　北京——都市计划的无比杰作 · 082

我们的祖先选择了这个地址 · 083

北京城近千年来的四次改建 · 084

北京的水源——全城的生命线 · 088

北京的城市格式——中轴线的特征 · 089

北京的交通系统及街道系统 · 091

北京城的土地使用——分区 · 092

北京城是一个具有计划性的整体 · 094

我们应该怎样保护这庞大的伟大的杰作？ · 096

六　我们的首都 · 098

中山堂 · 098

北京市劳动人民文化宫 · 099

故宫三大殿 · 101

北海公园 · 102

天坛 · 104

颐和园 · 105

天宁寺塔 · 108

北京近郊的三座"金刚宝座塔" · 109

鼓楼、钟楼和什刹海 · 111

雍和宫 · 113

故宫 · 114

七　谈北京的几个文物建筑 · 117

天安门前广场和千步廊的制度 · 118

团城——古代台的实例 · 122
北海琼华岛白塔的前身 · 124
八　平郊建筑杂录 · 126
一　卧佛寺的平面 · 127
二　法海寺门与原先的居庸关 · 131
三　杏子口的三个石佛龛 · 132

第三编

九　由天宁寺谈到建筑年代之鉴别问题 · 136
十　晋汾古建筑预查纪略 · 146
汾阳县　峪道河　龙天庙 · 147
汾阳县　大相村　崇胜寺 · 150
汾阳县　杏花村　国宁寺 · 152
文水县　开栅镇　圣母庙 · 153
文水县　文庙 · 154
汾阳县　小相村　灵岩寺 · 155
孝义县　吴屯村　东岳庙 · 157
霍县　太清观 · 158
霍县　文庙 · 158
霍县　东福昌寺 · 160
霍县　西福昌寺 · 161
霍县　火星圣母庙 · 161
霍县　县政府大堂 · 162
霍县　北门外桥及铁牛 · 162

赵城县　侯村　女娲庙 · 163

赵城县　广胜寺下寺 · 164

赵城县　广胜寺上寺 · 167

赵城县　广胜寺　明应王殿 · 172

赵城县　霍山中　镇庙 · 173

太原县　晋祠 · 174

山西民居 · 177

结　尾 · 180

十一　云冈石窟中所表现的北魏建筑 · 182

一　洞名 · 184

二　洞的平面及其建造年代 · 186

三　石窟的源流问题 · 190

四　石刻中所表现的建筑形式 · 190

五　石刻中所见建筑部分 · 195

六　石刻的飞仙 · 197

七　云冈石刻中装饰花纹及色彩 · 199

八　窟前的附属建筑 · 200

九　结　论 · 203

十二　《中国建筑彩画图案》序 · 206

十三　敦煌边饰初步研究 · 211

第三节　北魏的忍冬草叶纹和唐卷草纹 · 221

第一编

一　论中国建筑之几个特征

中国建筑为东方最显著的独立系统，渊源深远，而演进程序简纯，历代继承，线索不紊，而基本结构上又绝未因受外来影响致激起复杂变化者。不止在东方三大系建筑之中，较其它两系——印度及阿拉伯（回教建筑）——享寿特长，通行地面特广，而艺术又独臻于最高成熟点。即在世界东西各建筑派系中，相较起来，也是个极特殊的直贯系统。大凡一例建筑，经过悠长的历史，多掺杂外来影响，而在结构，布置乃至外观上，常发生根本变化，或循地理推广迁移，因致渐改旧制，顿易材料外观，待达到全盛时期，则多已脱离原始胎形，另具格式。独有中国建筑经历极长久之时间，流布甚广大的地面，而在其最盛期中或在其后代繁衍期中，诸重要建筑物，均始终不脱其原始面目，保存其固有主要结构部分，及布置规模，虽则同时在艺术工程方面，又皆无可置议的进化至极高程度。更可异的是：产生这建筑的民族的历史却并不简单，且并不缺乏种种宗教上，思想上，政治组织上的叠出变化；更曾经多次与强盛的外族或在思想上和平的接触（如印度佛教之传入），或在实际利害关系上发生冲突战斗。

这结构简单，布置平整的中国建筑初形，会如此的泰然，享受几千年繁衍的直系子嗣，自成一个最特殊、最体面的建筑大族，实是一桩极值得研究的现象。

注：原载于1932年3月《中国营造学社汇刊》第3卷1期，署名：林徽音。

虽然，因为后代的中国建筑，即达到结构和艺术上极复杂精美的程度，外表上却仍呈现出一种单纯简朴的气象，一般人常误会中国建筑根本简陋无甚发展，较诸别系建筑低劣幼稚。

这种错误观念最初自然是起于西人对东方文化的粗忽观察，常作浮躁轻率的结论，以致影响到中国人自己对本国艺术发生极过当的怀疑乃至于鄙薄。好在近来欧美迭出深刻的学者对于东方文化慎重研究，细心体会之后，见解已迥异从前，积渐彻底会悟中国美术之地位及其价值。但研究中国艺术尤其是对于建筑，比较是一种新近的趋势。外人论著关于中国建筑的，尚极少好的贡献，许多地方尚待我们建筑家今后急起直追，搜寻材料考据，作有价值的研究探讨，更正外人的许多隔膜和谬解处。

在原则上，一种好建筑必含有以下三要点：实用；坚固；美观。实用者：切合于当时当地人民生活习惯，适合于当地地理环境。坚固者：不违背其主要材料之合理的结构原则，在寻常环境之下，含有相当永久性的。美观者：具有合理的权衡（不是上重下轻巍然欲倾，上大下小势不能支；或孤耸高峙或细长突出等等违背自然律的状态），要呈现稳重，舒适，自然的外表，更要诚实的呈露全部及部分的功用，不事掩饰，不矫揉造作，勉强堆砌。美观，也可以说，即是综合实用，坚稳，两点之自然结果。

一、中国建筑，不容疑义的，曾经包含过以上三种要素。所谓曾经者，是因为在实用和坚固方面，因时代之变迁已有疑问。近代中国与欧西文化接触日深，生活习惯已完全与旧时不同，旧有建筑当然有许多跟着不适用了。在坚稳方面，因科学发达结果，关于非永久的木料，已有更满意的代替，对于构造亦有更经济精审的方法。以往建筑因人类生活状态时刻推移，致实用方面发生问题以后，仍然保留着它的纯粹美术的价值，是个不可否认的事实。和埃及的金字塔，希腊的巴瑟农庙（Parthenon）一样，北京的坛，庙，宫，殿，是会永远继续着享受荣誉的，虽然它们本来实际的功用已经完全失掉。纯粹美术价值，虽然可以脱离实用方面而存在，它却绝对不能脱离坚稳合理的结构原则而独立的。因为美的权衡比例，美观上的多少特征，全是人的理智技巧，在物理的限制之下，合理的解决了结构上所发生的种种问题的自然结果。

二、人工制造和天然趋势调和至某程度，便是美术的基本，设施雕饰于必需的结构部分，是锦上添花；勉强结构纯为装饰部分，是画蛇添足，足为美术之玷。

中国建筑的美观方面，现时可以说，已被一般人无条件地承认了。但是这建筑的优点，绝不是在那浅现的色彩和雕饰，或特殊之式样上面，却是深藏在那基本的，产生这美观的结构原则里，及中国人的绝对了解控制雕饰的原理上。我们如果要赞扬我们本国光荣的建筑艺术，则应该就它的结构原则，和基本技艺设施方面稍事探讨；不宜只是一味的，不负责任，用极抽象，或肤浅的诗意美谀，披挂在任何外表形式上，学那英国绅士骆斯肯（Ruskin）对高矗式（Gothic）建筑，起劲的唱些高调。

建筑艺术是个在极酷刻的物理限制之下，老实的创作。人类由使两根直柱架一根横楣，而能稳立在地平上起，至建成重楼层塔一类作品，其间辛苦艰难的展进，一部分是工程科学的进境，一部分是美术思想的活动和增富。这两方面是在建筑进步的一个总题之下，同行并进的。虽然美术思想这边，常常背叛他们的共同目标——创造好建筑——脱逾常轨，尽它弄巧的能事，引诱工程方面牺牲结构上诚实原则，来将就外表取巧的地方。在这种情形之下时，建筑本身常被连累，损伤了真正的价值。在中国各代建筑之中，也有许多这样证例，所以在中国一系列建筑之中的精品，也是极罕有难得的。

大凡一派美术都分有创造，试验，成熟，抄袭，繁衍，堕落诸期，建筑也是一样。初期作品创造力特强，含有试验性。至试验成功，成绩满意，达尽善尽美程度，则进到完全成熟期。成熟之后，必有相当时期因承相袭，不敢，也不能，逾越已有的则例；这期间常常是发生订定则例章程的时候。再来便是在琐节上增繁加富，以避免单调，冀求变换，这便是美术活动越出目标时。这时期始而繁衍，继则堕落，失掉原始骨干精神，变成无意义的形式。堕落之后，继起的新样便是第二潮流的革命元勋。第二潮流有鉴于已往作品的优劣，再研究探讨第一代的精华所在，便是考据学问之所以产生。

中国建筑的经过，用我们现有的，极有限的材料作参考，已经可以略略看出各时期的起落兴衰。我们现在也已走到应作考察研究的时代了。在这有限的各朝代建筑遗物里，很可以观察，探讨其结构和式样的特征，来标证那时代建筑的精神和技艺，是兴废还是优劣。但此节非等将中国建筑基本原则分析以后，是不能有所讨论的。

在分析结构之前，先要明了的是主要建筑材料，因为材料要根本影响其结构法的。中国的主要建筑材料为木，次加砖石瓦之混用。外表上一座中国式建筑物，可明显的分作三大部：台基部分；柱梁部分；屋顶部分。台基是砖石混用。由柱脚至梁上结构部分，直接承托屋顶者则全是木造。屋顶除少数用茅茨，竹片，泥砖之外自然全是用瓦。而这三部分——台基，柱梁，屋顶——可以说是我们建筑最初胎形的基本要素。

《易经》里“上古穴居而野处，后世圣人易之以宫室，上栋。下宇。以待风雨”。还有《史记》里：“尧之有天下也，堂高三尺……”可见这“栋”“宇”及“堂”（基）在最古建筑里便占定了它们的部位势力。自然最后经过繁重发达的是“栋”——那木造的全部，所以我们也要特别注意。

木造结构，我们所用的原则是“架构制”（framing system）。在四根垂直柱的上端，用两横梁两横枋周围牵制成一“间架”（梁与枋根本为同样材料，梁较枋可略壮大。在“间”之左右称柁或梁，在间之前后称枋）。再在两梁之上筑起层叠的梁架以支横桁，桁通一“间”之左右两端，从梁架顶上“脊瓜柱”上次第降下至前枋上为止。桁上钉椽，并排栉篦，以承瓦板，这是“架构制”骨干的最简单的说法。总之“架构制”之最负责要素是：（一）那几根支重的垂直立柱；（二）使这些立柱，互相发生联络关系的梁与枋；（三）横梁以上的构造：梁架，横桁，木椽，及其它附属木造，完全用以支承屋顶的部分。

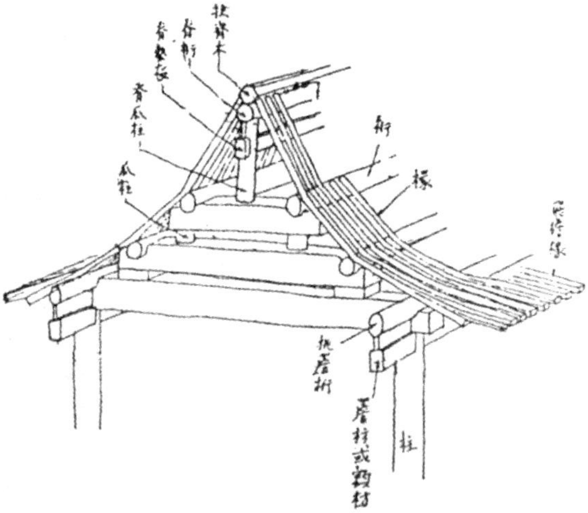

图一

“间”在平面上是一个建筑的最低单位。普通建筑全是多间的且为单数。有“中间”或“明间”“次间”“稍间”“套间”等称。

中国“架构制”与别种制度（如高矗式之“砌栱制”，或西欧最普通之古典派“垒石”建筑）之最大分别：（一）在支重部分之完全倚赖立柱，使墙的部分不负结构上重责，只同门窗隔屏等，尽相似的义务——间隔房间，分划内外而已。（二）立柱始终保守木质不似古希腊之迅速代之以垒石柱，且增加负重墙（bearing wall），致脱离“架构”而成“垒石”制。

这架构制的特征，影响至其外表式样的，有以下最明显的几点：（一）高度无形的受限制，绝不出木材可能的范围。（二）即极庄严的建筑，也是呈现绝对玲珑的外表。结构上既绝不需要坚厚的负重墙，除非故意为表现雄伟的时候，酌量增用外（如城楼等建筑），任何大建，均不需墙壁堵塞部分。（三）门窗部分可以不受限制，柱与柱之间可以完全安装透光线的细木作——门屏窗牖之类。实际方面，即在玻璃未发明以前，室内已有极充分光线。北方因气候关系，墙多于窗，南方则反是，可伸缩自如。

这不过是这结构的基本方面，自然的特征。还有许多完全是经过特别的美术活动，而成功的超等特色，使中国建筑占极高的美术位置的，而同时也是中国建筑之精神所在。这些特色最主要的便是屋顶、台基、斗栱、色彩和均称的平面布置。

屋顶本是建筑上最实际必需的部分，中国则自古，不殚烦难的，使之尽善尽美。使切合于实际需求之外，又特具一种美术风格。屋顶最初即不止为屋之顶，因雨水和日光的切要实题，早就扩张出檐的部分。使檐突出并非难事，但是檐深则低，低则阻碍光线，且雨水顺势急流，檐下溅水问题因之发生。为解决这个问题，我们发明飞檐，用双层瓦椽，使檐沿稍翻上去，微成曲线。又因美观关系，使屋角之檐加甚其仰翻曲度。这种前边成曲线，四角翘起的“飞檐”，在结构上有极自然又合理的布置，几乎可以说它便是结构法所促成的。

如何是结构法所促成的呢？简单说：例如“庑殿”式的屋瓦，共有四坡五脊。正脊寻常称房脊，它的骨架是脊桁。那四根斜脊，称“垂脊”，它们的骨架是从脊桁斜角，下伸至檐桁上的部分，称由戗及角梁。桁上所钉并排的椽子虽像全是平行的，但因偏左右的几根又要同这“角梁平行”，所以椽的部位，乃由真平行而渐斜，像裙裾的开展。

角梁是方的，椽为圆径（有双层时上层便是方的，角梁双层时则仍全是方的）。角梁的木材大小几乎倍于椽子，到椽与角梁并排时，两个的高下不同，以致不能在它们上面铺钉平板，故此必需将椽依次的抬高，令其上皮同角梁上皮平。在抬高的几根椽子底下填补一片三角形的木板称“枕头木”，如图二。

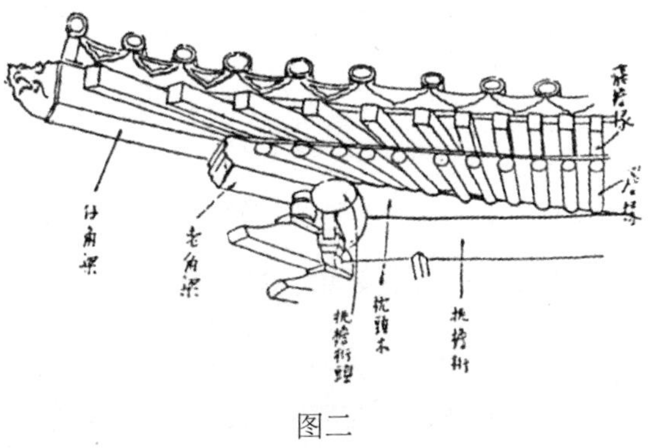

图二

这个曲线在结构上几乎不可信的简单，和自然，而同时在美观方面不知增加多少神韵。飞檐的美，绝用不着考据家来指点的。不过注意那过当和极端的倾向常将本来自然合理的结构变成取巧与复杂。这过当的倾向，外表上自然也呈出脆弱、虚张的弱点，不为审美者所取，但一般人常以为愈巧愈繁必是愈美，无形中多鼓励这种倾向。南方手艺灵活的地方，过甚的飞檐便是这种证例。外观上虽是浪漫的姿态，容易引诱赞美，但到底不及北方的庄重恰当，合于审美的最真纯条件。

屋顶曲线不止限于挑檐，即瓦坡的全部也不是一片直坡倾斜下来，屋顶坡的斜度是越往上越增加，如图三。

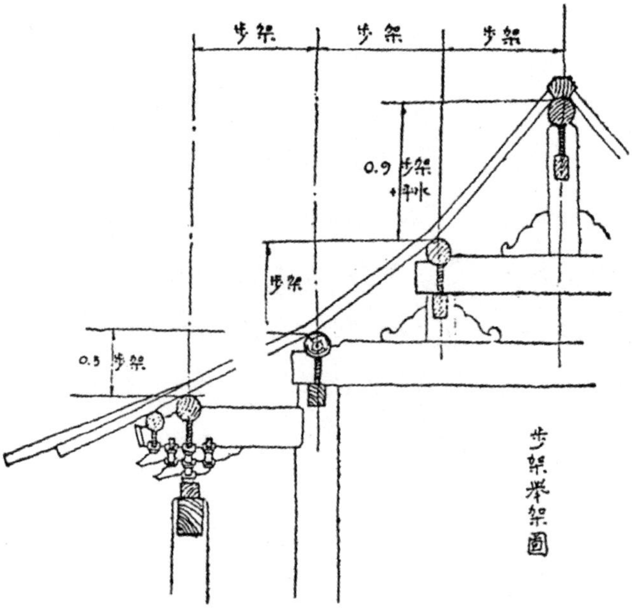

图三

这斜度之由来是依着梁架叠层的加高，这制度称做“举架法”。这举架的原则极其明显，举架的定例也极其简单，只是叠次将梁架上瓜柱增高，尤其是要脊瓜柱特别高。

使檐沿作仰翻曲度的方法，在增加第二层檐椽，这层檐甚短，只驮在头檐椽上面，再出挑一节。这样则檐的出挑虽加远，而不低下阻蔽光线。

总的说起来，历来被视为极特异神秘之屋顶曲线，并没有什么超出结构原则，和不自然造作之处，同时在美观实用方面均是非常的成功。这屋顶坡的全部曲线，上部巍然高举，檐部如翼轻展，使本来极无趣，极笨拙的屋顶部，一跃而成为整个建筑的美丽冠冕。

在《周礼》里发现有“上欲尊而宇欲卑；上尊而宇卑，则吐水疾而霤远”之句。这句可谓明晰的写出实际方面之功效。

既讲到屋顶，我们当然还是注意到屋瓦上的种种装饰物。上面已说过，雕饰必是设施于结构部分才有价值，那么我们屋瓦上的脊瓦吻兽又是如何？

脊瓦可以说是两坡相联处的脊缝上一种镶边的办法，当然也有过当复杂的，但是诚实的来装饰一个结构部分，而不肯勉强地来掩饰一个结构枢纽或关节，是中国建筑最长之处。

瓦上的脊吻和走兽，无疑的，本来也是结构上的部分。现时的龙头形“正吻”古称“鸱尾”，最初必是总管“扶脊木”和脊桁等部分的一块木质关键。这木质关键突出脊上，略作鸟形，后来略加点缀竟然刻成鸱鸟之尾，也是很自然的变化。其所以为鸱尾者还带有一点象征意义，因有传说鸱鸟能吐水，拿它放在瓦脊上可制火灾。

走兽最初必为一种大木钉，通过垂脊之瓦，至“由戗”及“角梁”上，以防止斜脊上面瓦片的溜下，唐时已变成两座“宝珠”在今之“戗兽”及“仙人”地位上。后代鸱尾变成“龙吻”，宝珠变成“戗兽”及“仙人”，尚加增“戗兽”“仙人”之间一列“走兽”，也不过是雕饰上变化而已。

并且垂脊上戗兽较大，结束“由戗”一段，底下一列走兽装饰在角梁上面，显露基本结构上的节段，亦甚自然合理。

南方屋瓦上多加增极复杂的花样，完全脱离结构上任务纯粹的显示技巧，甚属无聊，不足称扬。

外国人因为中国人屋顶之特殊形式，迥异于欧西各派，早多注意及之。

论说纷纷，妙想天开。有说中国屋顶乃根据游牧时代帐幕者，有说象形蔽天之松枝者，有曰中国飞檐为怪诞者，有谓中国建筑类儿戏者，有的全由走兽龙头方面，无谓的探讨意义，几乎不值得在此费时反证。总之这种曲线屋顶已经从结构上分析了，又从雕饰设施原则上审察了，而其美观实用方面又显著明晰，不容否认。我们的结论实可以简单的承认它艺术上的大成功。

中国建筑的第二个显著特征，并且与屋顶有密切关系的，便是，“斗栱”部分。最初檐承于椽，椽承于檐桁，桁则架于梁墙。此梁端既是由梁架延长，伸出柱的外边。但高大的建筑物出檐既深，单指梁端支持，势必不胜，结果必产生重叠木“翘”支于梁端之下。但单籍木翘不够担全檐沿的重量，尤其是建筑物愈大，两柱间之距离也愈远，所以又生左右岔出的横“栱”来接受“檐桁”。这前后的木翘，左右的横栱，结合而成的“斗栱”全部（在栱或翘昂的两端和相交处，介于上下两层栱或翘之间的斗形木块称“枓”)。“昂”最初为又一种之翘，后部斜伸出斗栱后用以支“金桁”。

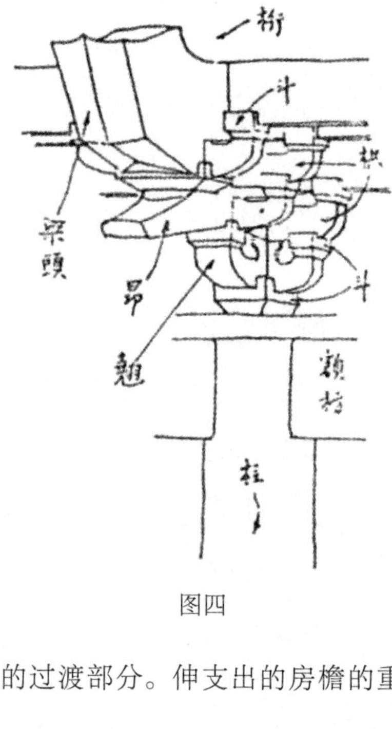

图四

斗栱是柱与屋顶的过渡部分。伸支出的房檐的重量渐次集中下来直到柱的上面。斗栱的演化，每是技巧上的进步，但是后代斗栱（约略从宋元以后），便变化到非常复杂，在结构上已有过当的部分，部位上也有改变。本来斗栱只限于柱的上面（今称柱头斗），后来为外观关系，又增加一攒所谓“平身科”者，在柱与柱之间。明清建筑上平身科加增到六七攒，排成一列，完全成为装饰品，失去本来功用。“昂”之后部功用亦废除，只余前部形式而已。

不过当复杂的斗栱，的确是柱与檐之间最恰当的关节，集中横展的屋檐重量，到垂直的立柱上面，同时变成檐下的一种点缀，可作结构本身变成装饰部分的最好条例。可惜后代的建筑多减轻斗栱的结构上重要，使之几乎纯为奢侈的装饰品，令中国建筑失却一个优越的中坚要素。

斗栱的演进式样和结构，限于篇幅不能再仔细述说，只能就它的极基本原则上在此指出它的重要及优点。

斗栱以下的最重要部分，自然是柱，及柱与柱之间的细巧的木作。魁伟的圆柱和细致的木刻门窗对照，又是一种艺术上的满意之点。不止如此，因为木料不能经久的原始缘故，中国建筑又发生了色彩的特征。涂漆在木料的结构上为的是:（一）保存木质抵制风日雨水，（二）可牢结各处接合关节，（三）加增色彩的特征。这又是兼收美观实际上的好处，不能单以色彩作奇特繁华之表现。彩绘的设施在中国建筑上，非常之慎重，部位多限于檐下结构部分，在阴影掩映之中。主要彩色亦为“冷色”如青蓝碧绿，有时略加金点。其他檐以下的大部分颜色则纯为赤红，与檐下彩绘正成反照。中国人的操纵色彩可谓轻重得当。设使滥用彩色于建筑全部，使上下耀目辉煌，必成野蛮现象，失掉所有庄严和调谐。别系建筑颇有犯此忌者，更可见中国人有超等美术见解。

至彩色琉璃瓦产生之后，连黯淡无光的青瓦，都成为片片堂皇的黄金碧玉，这又是中国建筑的大光荣，不过滥用杂色瓦，也是一种危险，幸免这种引诱，也是我们可骄傲之处。

还有一个最基本结构部分——台基——虽然没有特别可议论称扬之处，不过在全个建筑上看来，有如许壮伟巍峨的屋顶如果没有特别舒展或多层的基座托衬，必显出上重下轻之势，所以既有那特种的屋顶，则必需有这相当的基座。架构建筑本身轻于垒砌建筑，中国又少有多层楼阁，基础结构颇为简陋。大建筑的基座加有相当的石刻花纹，这种花纹的分配似乎是根据原始木质台基而成，积渐施之于石。与台基连带的有石栏，石阶，辇道的附属部分，都是各有各的功用而同时又都是极美的点缀品。

最后的一点关于中国建筑特征的，自然是它的特种的平面布置。平面布置上最特殊处是绝对本着均衡相称的原则，左右均分的对峙。这种分配倒并不是由于结构，主要原因是起于原始的宗教思想和形式，社会组织制度，人民俗习，后来又因喜欢守旧仿古，多承袭传统的惯例。结果均衡相称的原则变成中国特有的一个固执嗜好。

例外于均衡布置建筑，也有许多。因庄严沉闷的布置，致激起故意浪漫的变化；此类若园庭、别墅，宫苑楼阁者是平面上极其曲折变幻，与对称的布置正相反其性质。中国建筑有此两种极端相反布置，这两种庄严和浪漫平面之间，也颇有混合变化的实例，供给许多有趣的研究，可以打消西人浮躁的结论，谓中国建筑布置上是完全的单调而且缺乏趣味。但是画廊亭阁的曲折纤巧，也得有相当的限制。过于勉强取巧的人工虽可令寻常人惊叹观止，却是审美者所最鄙薄的。

在这里我们要提出中国建筑上的几个弱点。(一)中国的匠师对木料，尤其是梁，往往用得太费。他们显然不明了横梁载重的力量只与梁高成正比例，而与梁宽的关系较小。所以梁的宽度，由近代的工程眼光看来，往往嫌其太过。同时匠师对于梁的尺寸，因没有计算木力的方法，不得不尽量的放大，用极大的 factor of safety，以保安全。结果是材料的大靡费。(二)他们虽知道三角形是惟一不变动的几何形，但对于这原则极少应用。所以中国的屋架，经过不十分长久的岁月，便有倾斜的危险。我们在北平街上，到处可以看见这种倾斜而用砖墙或木桩支撑的房子。不惟如此，这三角形原则之不应用，也是屋梁费料的一个大原因，因为若能应用此原则，梁就可用较小的木料。(三)地基太浅是中国建筑的大病。普通则例规定是台明高之一半，下面再垫上几点灰土。这种做法很不彻底，尤其是在北方，地基若不刨到结冰线(frost line)以下，建筑物的坚实方面，因地的冻冰，一定要发生问题。好在这几个缺点，在新建筑师的手里，并不成难题。我们只怕不了解，了解之后，要去避免或纠正是很容易的。

结构上细部枢纽，在西洋诸系中，时常成为被憎恶部分。建筑家不惜费尽心思来掩蔽它们。大者如屋顶用女儿墙来遮掩，如梁架内部结构，全部藏入顶篷之内；小者如钉，如合叶，莫不全是要掩藏的细部。独有中国建筑敢袒露所有结构部分，毫无畏缩遮掩的习惯，大者如梁，如椽，如梁头，如屋脊；小者如钉，如合叶，如箍头，莫不全数呈露外部，或略加雕饰，或布置成纹，使转成一种点缀。几乎全部结构各成美术上的贡献。这个特征在历史上，除西方高矗式建筑外，惟有中国建筑有此优点。

现在我们方在起始研究，将来若能将中国建筑的源流变化悉数考察无遗，那时优劣诸点，极明了的陈列出来，当更可以慎重讨论，作将来中国建筑趋途的指导。省得一般建筑家，不是完全遗弃这已往的制度，则是追随西人之后，盲目抄袭中国宫殿，作无意义的尝试。

关于中国建筑之将来，更有特别可注意的一点：我们架构制的原则适巧和现代“洋灰铁筋架”或“钢架”建筑同一道理，以立柱横梁牵制成架为基本。现代欧洲建筑为现代生活所驱，已断然取革命态度，尽量利用近代科学材料，另具方法形式，而迎合近代生活之需求。若工厂，学校，医院，及其它公共建筑等为需要日光便利，已不能仿取古典派之垒砌制，致多墙壁而少窗牖。中国架构制既与现代方法恰巧同一原则，将来只需变更建筑材料，主要结构部分则均可不有过激变动，而同时因材料之可能，更作新的发展，必有极满意的新建筑产生。

二　祖国的建筑传统与当前的建设问题

两年多以前，解放了的中国人民就开始了全国性的建设工作。从那时到今天这短短的期间内，全国人民所建造的房屋面积比以往五千年历史中任何一个三年都多。土地改革后的农村中出现了数以百万计的新农舍；城市中出现了无数的工厂、学校、托儿所、医院、办公楼、工人住宅和市民住宅。通过这样庞大规模的工作，全国的建筑工人、建筑师和工程师都不断地提高了自己的政治觉悟，以最愉快的心情和高度的热情接受了全国人民交给他们的光荣任务——全心全意地进行一切和平建设，为美好的社会主义社会打下基础。

过去一世纪以来，我国沿海岸的大城市赤裸裸地反映了半殖民地的可耻的特性。上海是伦敦东头的缩影，青岛和大连的建筑完全反映日耳曼和日本的气氛。官僚地主丧失了民族自尊心，买办们崇拜外国商人在我们的土地上所蛮横地建造的“洋楼”，大城市的建筑工人也被迫放弃了自己的传统和艺术，为所谓“洋式建筑”服务。我国原有的建筑不但被鄙视，并且大量地被毁灭，城市原有的完整性，艺术风格上的一致性，被强暴地破坏了。帝国主义的军事、经济、文化的侵略本质，在我们许多城市中的建筑上显著而具体地表现了出来。

建筑本来是有民族特性的，它是民族文化中最重要的表现之一；新中国的建筑必须建筑在民族优良传统的基础上，这已是今天中国大多数建筑师们

注：原载于1952年9月16日《新观察》第16期，署名：梁思成、林徽因。

所承认的原则。凡是参加城市建筑设计的建筑师们都负有三重艰巨任务：他们必须肃清许多城市中过去半殖民地的可耻的丑恶面貌，必须恢复我们建筑上的民族特性，发扬光大祖国高度艺术性的建筑体系；同时又必须吸收外国的，尤其是苏联的先进经验，以满足新民主主义的经济建设和文化建设中众多而繁复的需求，真正地表现毛泽东时代的新中国的精神。

在人类各民族的建筑大家庭中，中华民族的建筑是一个独特的体系。我们祖先采用了一个极其智慧的方法：在一个台基上用木材先树立构架以负荷上部的重量；墙壁只做分隔内外的作用而不必负重，因而门窗的大小和位置都能取得最大的自由，不受限制。这个建筑体系能够适应任何气候，适用于从亚热带到亚寒带的广大地区。这种构架法正符合现代的钢架或钢筋水泥构架的原则，如果中国建筑采用这类现代材料和技术，在大体上是毫不矛盾的。这也是保持中国风格的极有利条件。

我们古代的建筑匠师们积累了世代使用木材的特别经验，创造了在柱头之上用层叠的挑梁，以承托上面横梁，使得屋顶部分出檐深远，瓦坡的轮廓优美。用层叠挑出的木材所构成的每一个组合称做“斗栱”。“斗栱”和它们所承托的庄严的屋顶，都是中国建筑上独有的特征，和欧洲教堂石骨发券结构一样，都是人类在建筑上所达到的高度艺术性的工程。我们古代的匠师们还巧妙地利用保护木材的油漆，大胆地把不同的颜色组成美丽的彩画、图案。不但用在建筑内部，并且用在建筑外部檐下的梁枋上，取得外表上的优异的效果。在屋瓦上，我们也利用有色的琉璃瓦。这种用颜色的艺术是中国建筑体系的一个显著特征。在应用色调和装璜方面，中国匠师表现出极强的控制能力，在建筑上所取得的总效果都表现着适当的富丽而又趋向于简练。另外还有一个特点：在中国建筑中，每一个露在外面的结构部分同时也就是它的装饰部分；那就是说，每一件装饰品都是加工了的结构部分。中国建筑的装饰与结构是完全统一的。天安门就是这一切优点的卓越的典型范例。

在平面布置上，一所房屋是由若干座个别的厅堂廊庑和由它们围绕着而形成的庭院或若干庭院组合而成的。建筑物和它们所围绕而成的庭院是作为一个整体而设计的。在处理空间的艺术上也达到了最高度的成就。

中国的建筑体系至迟在公元前十五世纪已经形成，至迟到汉朝（公元前二〇六年至公元二二〇年）就已经完全成熟。木结构的形式，包括梁柱、斗栱和屋顶，已经被“翻译”到石建筑上去了。中国建筑虽然也采用砖石建造一些重要的工程和纪念性的建筑物，但仍以木结构为主，继续发展它的特长，使它日臻完善，这样成功地赋予纯粹木构建筑以宏大的气魄，是世界各建筑体系中所没有的现象。

这种庄重堂皇的建筑物最卓越显著的范例莫如北京的宫殿，那是所有到过北京的人们所熟悉的。当然，还有各地的许多庙宇衙署也都具有相同的品质。它们都以厅堂、门楼、廊庑以及它们所围绕着的庭院构成一个有机的整体，雄伟壮丽，它们能给人以不易磨灭的印象。这种同样的结构和部署用作住宅时，无论是乡间的农舍还是城市中的宅第，也都可以使其简朴而适合于日常工作和生活的需要。

古代木结构中一些个别罕贵重要的文物是应当在这里提到的。山西省五台山佛光寺的正殿是一座八五七年建造的佛教建筑，至今仍然十分完整。河北省蓟县的独乐寺中，立着中国第二古老的木建筑。一座以两个正层和一个暗层构成的三层建筑也已经屹立了九百六十八年。这三层建筑是围绕着国内最大的一尊泥塑立像建造的。上两层的楼板当中都留出一个“井”，让立像高贯三楼，结构极为工巧。木结构另一个伟大的奇迹是察哈尔应县[①]佛宫寺的木塔，有五个正层和四个暗层，共九层，由刹尖到地面共高六十六公尺[②]。这个极其大胆的结构表现了我国古代匠师在结构方面和艺术方面无可比拟的成就。再过四年，这座雄伟的建筑就满九百年的高龄了。从这几座千年左右的

---

① 察哈尔，旧省名，1952 年撤销。应县现归山西省管辖。

② 1 公尺 = 1 米。

杰作中，我们不惟可以看到中国木构建筑的纪念性品质和工巧的结构，而且可以得出结论，这种木结构之所以能有这样的持久性，就是因为它的结构方法科学地合乎木材的性能。

年龄在七百年以上的木建筑，据建筑史家局部的初步调查，全国还有三十余处。进一步有系统的调查，必然还能找到更多的遗物。可惜这三十余处中已经很少有完整的全组，而只是个别的殿堂。成组的如察哈尔大同的善化寺（辽金时代）和山西太原的晋祠（北宋）都是极为罕贵的。北京故宫——包括太庙（文化宫）和社稷坛（中山公园）——全组的布局，虽然时代略晚，但规模之大，保存之完整，更是珍贵无比的。

在砖或石的建筑方面，古代的工程师和建筑师们也发挥了高度的创造性。在陵墓建筑，防御工程，桥梁工程和水利工程上都有伟大的创造。

著名的万里长城起伏蜿蜒在一千三百余公里的山脊上，北京的城墙和巍峨的城门楼是构成北京的整体的一个重要因素。它们不是没有生命的砖石堆，而是浑厚伟大的艺术杰作。在造桥方面，一千三百年前建造的河北省赵县的大石桥是用一个跨度约三七．五〇公尺的券做成的“空撞券桥”。像那样在主券上用小券的无比聪明的办法，直到一九一二年才初次被欧洲人采用；而在那样早的年代里，竟有一位名叫李春的匠人给我们留下这样一件伟大壮丽的工程，足以证明在那时候以前，我国智慧的劳动人民的造桥经验，已经是多么丰富了。

今日在全国的土地上最常见的砖石建筑是全国无数的佛塔，其中很多是艺术杰作。河南省嵩山嵩岳寺的砖塔是我国佛教建筑中最古的文物，建于公元五二〇年，也是国内现存最古的砖建筑。它只是简单地用砖砌成，只有极少的建筑装饰。只凭它十五层的叠涩檐和柔和的抛物线所形成的秀丽挺拔的轮廓，已足以使它成为最伟大的艺术品。在河北省涿县的双塔上，十一世纪的建筑师却极其巧妙地用砖作表现了木构建筑的形式，外表与略早的佛宫寺木塔几乎完全一样。虽然如此，它们仍充分地表现了砖石结构浑厚的品质。

砖石建筑在华北和西北广泛地被采用着，它们都用筒形券的结构。当以砖石作为殿堂时，则按建筑物纪念性之轻重，适当地用砖石表现木结构的样式。许多所谓“无梁殿”的建筑，如山西太原永祚寺明末（一五九五年）的大雄宝殿都属于这一类。

检查我们过去的许多建筑物，我们注意到两种重要事实：一、无论是木结构或砖石结构，无论在各地方有多少不同的变化，中国建筑几千年来都保持着一致的、一贯的、明确的民族特性。二、我们古代的匠师们善于在自己的传统的基础上适当地吸收外来的影响，丰富了自己，但从来没有因此而丧失了自己的民族特性。千余年来分布全国的佛教建筑和回教建筑最清晰地证明了这一点。

但是自从帝国主义以武力侵略我国，文化上和平而自然的交流被蛮横的武力所代替以来，情形就不同了。沿海岸和长江上的一些“通商口岸”被侵略者用他们带来的建筑形式生硬地移植到原来的环境中，对于我国城市的环境风格加以傲慢的鄙视和粗暴的破坏。学校里训练出来新型的知识分子的建筑师竟全部放弃中国建筑的传统，由思想到技术完完全全的摹仿欧美的建筑体系，不折不扣地接受了欧美建筑传统，把它硬搬到祖国来。过去一世纪的中国建筑史正是中国近代被侵略史的另一悲惨的版本！

从满清末年到解放以前，有些建筑师们只为少数地主、官僚、买办建造少数的公馆、洋行、公司，为没落的封建制度和半殖民地的政治经济服务。因为殖民地经济的可怜情况，建筑不但在结构和外表方面产生了许多丑恶类型，而且在材料方面，在平面的部署方面都堕落到最不幸的水平。建筑师们变成为帝国主义的经济、文化侵略服务。同时蔑视自己本国艺术遗产、优秀工匠和成熟而优越的技术传统。此后任何建筑作品都成了最不健康的殖民地文化的最明显的代表，反映着那时期的畸形的政治经济情况。到了解放的前夕，每一个爱国的建筑师越来越充满了痛苦而感到彷徨。

祖国的解放为我们全国的建筑师带来了空前的大转变。我们不但忽然得到了设计成千上万的住宅、工厂、学校、医院、办公楼的机会，我们不但在一两年中所设计的房屋面积就可能超过过去半生所设计的房屋面积的总和乃至若干倍，最主要的是我们知道我们的服务对象不是别人，而是劳动人民。我们是为祖国的和平的社会主义事业而建设，也是为世界的和平建设的一部分而努力。我们集体工作的成果将是这新时代的和平民主精神的表现。我们的工作充满了重要意义，在今天，任何建筑师，无论在经济建设或文化建设中，都是最活跃的一员。我们为这光荣的任务感到兴奋和骄傲。但是我们也因此而感到还应当以更严肃的态度担负起这沉重的责任。

这许多重大的意义，建筑师们不是一下子就认识到的。由于过去的习惯，起初我们只见到因为建造的量的增加使我们得以“一显身手”的许多机会；但很快地一个严重的问题使我们思索了。这么大量的建造之出现将要改变祖国千百个城市的面貌。我们应该用什么材料、什么结构、什么形式来处理呢？这是需要认真的思虑的，是必须有正确领导的，是不能任其自流和盲目发展的。好在在这里，共同纲领的文化教育政策已给了我们一个行动指南。这就是毛主席所提出的新民主主义的文化教育政策。

遵照毛主席在《新民主主义论》中对于新文化的英明正确的分析，中国的新文化是民族的。它是反对帝国主义压迫，主张中华民族的尊严和独立的。它是我们这个民族的，带有我们的民族特性。因此新中国的建筑当然也“应有自己的形式，这就是民族形式。民族的形式，新民主主义的内容”。

中国的新建筑必须是“科学的。……主张实事求是，主张客观真理，主张理论与实践一致的”，“……是从古代的旧文化发展而来”的。新中国的建筑师“必须尊重自己的历史，决不能割断历史。尊重历史的辩证法的发展，而不是颂古非今……不是要引导他们（人民群众）向后看，而是要引导他们向前看。”

这个新建筑“是大众的，因而即是民主的，它应为全民族中百分之九十以上的工农劳苦民众服务。……把提高和普及互相区别又互相联结起来”。

有了这样明确而英明的指示，建筑师们就应当认清方向，满怀信心，大踏步向前迈进。我们必须毫不犹豫地，无所留恋地扬弃那些资本主义的，割断历史的世界主义的各种流派建筑和各流派的反动理论；必须彻底批判“对世界文化遗产的虚无主义态度以及忽视民族艺术遗产的态度”（苏联建筑科学院院长莫尔德维诺夫语）。不可否认的，目前首先亟待解决的是广大劳动人民工作和居住所大量需要的房屋的问题；目前所要达到的量是要超过于质的。但是我们相信，普及会与提高“互相联结起来”的。毛主席告诉我们：“随同经济建设高潮的到来，不可避免地将要出现一个文化建设的高潮。”新中国的建筑师们正在为伟大的和平建设努力。我们目前正在为大规模的经济建设贡献出一切力量，但同时也必须准备迎接文化建设的高潮。新的设计必须努力提高水平。研究、理解、爱好过去的本国建筑的热情必须培养起来。在中央文化部的领导下，整理艺术遗产的工作已在每日加强。在中央教育部的领导下，在培养下一代的建筑师的教学方针上，已采用了苏联的先进教学计划，在创造中注重民族传统已是一个首要的重点。

全国人民有理由向建筑师们要求，也有理由相信，在很短的期间内，在全国的一切建筑设计中，新中国的建筑必然要获得巨大的成就，建筑师们的设计标准必然会显著地提高，因为我们会再度找到自己的传统的艺术特征，用最新的技术和材料，发展出光辉的、“为中国人民所喜爱”的、不愧为毛泽东时代的中国的新建筑。那就是新民主主义的，亦即我们“民族的、大众的”建筑。

三　中国建筑发展的历史阶段

建筑是随着整个社会的发展而发展的。它和社会的经济结构、政治制度、思想意识与习俗风尚的发展有着密不可分的联系。经济的繁荣或衰落，对外战争或文化交流，和敌人入侵等都会给当时建筑留下痕迹。因此我们不能脱离这一切，孤立地去研究建筑本身的发展演化；那样我们将无法了解建筑发展的真实内容，不能得出任何正确的结论。

中国建筑也是如此。它随着各个时代政治、经济的发展，也就是随着不同时代的生产力和生产关系，产生了不同的特点，但是同时还反映出这特点所产生的当时的社会思想意识，占统治地位的世界观。生产力的发展直接影响到建筑的工程技术，但建筑艺术却是直接受到当时思想意识的影响，只是间接地受到生产力和生产关系的影响的。

现在我们试将中国四千年历史中建筑的发展分成为若干主要阶段、将各个阶段中最有代表性的现存实物和文史资料中的重要建筑与建筑活动的叙述加以分析，说明它们的特点，并从它们和整个社会发展状况相联系的观点上来了解观察这些特点：看它们是怎样被各个不同时代的劳动人民创造出来，解决了当时实际生活所提出来的什么样的复杂问题；在满足当时使用者的物质的和精神的许多不同的要求时，曾经创造过些什么进步传统，累积了些什么样的工程技术方面的经验，和取得了什么样的造形艺术方面的成就。

注：原载于1954年12月《建筑学报》第2期，署名：梁思成、林徽因、莫宗江。

这些阶段彼此并不是没有联系的。相反的，它们都是互相衔接不可分割的；虽是许多环节，却组成了一根整的链条。每一时代新的发展都离不开以前时期建筑技术和材料使用方面积累的经验，逃不掉传统艺术风格的影响。而这些经验和传统乃是新技术、新风格产生的必要基础。

各时代因生产力的发展，影响到社会生活的变化；而这些变化又都一定要向建筑提出一些新的问题、新的要求。这些社会生活的变化，一大部分是属于上层建筑的意识形态的。因此这些新问题、新要求也有一大部分是属于思想意识的，不完全属于物质基础的。为了解决这些新问题，满足这些新要求，便必须尝试某些新的表现方法，渗入到原来已习惯的方法中，创造出某些新的艺术体形、新的艺术内容，产生出新的艺术风格；并且同时还不得不扬弃某些不再合用的作风和技术。这样，在前一时期原是十分普遍的建筑特点，在内容和形式上便都有了或多或少的改变，后一时期的建筑特点就开始萌芽。这就是建筑的传统与革新的必定的过程。

在相当一个时期之内，最普遍的、已发展成熟且代表着数量较大、为当时主要类型的建筑物的风格特征的，我们把它们概括地归纳在一个历史阶段之内。因此这个阶段中，前后期的实物必然是承上启下，有独特变化的一些范例。我们现在很不成熟地暂将几千年的中国建筑大略分成如下七个阶段，为的是能和大家将来做更细致的商榷和研究。

第一阶段——从远古到殷

（公元前一一二二年以前）

考古学家在河北省房山县①周口店龙骨山发现的“北京人”遗址供给我们中国建筑史上最早的实物资料。它说明四五十万年前，华北平原上使用极

① 房山县1958年划归北京市。

粗的石器，已知用火的猿人解决居住问题的“建筑”是天然石灰岩洞穴。

在周口店猿人洞的山顶上又发现有约十万年前的人骨化石、石器和骨器。考古家称这时期的文化为“山顶洞文化”。这时遗留的兽骨、鱼骨，证明这时的人过的是渔猎生活。遗物中有骨针，证明他们已有简单的缝纫；人骨化石旁散有染红的石珠，显然他们已有爱美装饰的观念。

天然洞穴之外，还有人工挖掘的窖穴，许多是上小下大的“袋形穴”。这些大约是公元前三千年的遗迹。在华北黄土区削壁上也有掘进土壁的水平的洞。

中国境内一向居住着文化系统不同、祖先世系不同的各种族。他们各在所居住的土地上，和自然界作斗争，发展自己的文化，也互相有冲突、互相影响，以至于融合。在地下遗物中留着不少痕迹。在河南渑池县仰韶村发现有较细的石器、石制农具、石制纺轮、石镞和彩色陶器等遗物的遗址。这些遗物证明居住在这里的人的生活情况是畜牧业和最原始的农业逐渐代替了渔猎，因而开始定居、并有了手工业。和它同系的文化散布在广大的中国西北地区，总称做“仰韶文化”。当时的人居住过的遗址多半在河谷里，大约为了取水方便，又可以利用岸边高地掘洞穴。在山西夏县遗址中所见，他们的住处是挖一长方形土坑，四面有壁，像小屋，屋屋相连，很像村落。仰韶文化是中国人民所创造的重要文化之一，考古家推断为黄帝族的文化，比羌、夷、苗、黎等族有更高的成就，距今约有四五千年。这时期不但有较细致的石制骨制器物，而且纹饰复杂，色彩美丽，有犬、羊和人的形纹画在陶器上。遗迹中有许多地穴，虽然推测穴上也可能有树枝茅草构成的覆盖部分，但因木质实物丝毫无存，无法断定。

古代文献给我们最早的纪录资料是春秋时人提到的尧、舜时期的房子：尧的“堂高三尺，茅茨土阶”。现在我们所已得到的最早的建筑实物是河南安阳殷时代的宫殿或家庙遗址：底下有高出地面的一个土台，上有排列的石础和烧剩的木柱的残炭。大体上它们是符合于“堂高三尺”的说法的。但由于殷墟遗址上地穴仍然很多，一般人民居住的主要仍是穴居和半穴居方法，有茅茨和高出地面的土台的，可能是阶级社会开始时的产物，在尧时还没有出现。殷墟夯土台以下所发见比殷文化更早的穴居，它们是两两相套的圆形穴，状如葫芦，也像古代象形字里的“宫”（宫）字，穴内墙面已用白灰涂抹。

阶级社会开始于夏。夏的第一代禹是原始灌溉的发明者，又因同黎族、苗族战争胜利，把俘虏做奴隶，用于生产，是生产力大大跃进的时代。

生产力的提高开始影响到生产关系。禹的儿子启承继父亲做酋长，开始了世袭制度。历史上称这一世系的统治者做夏朝，是中国历史上第一个朝代。由这个时期起才开始破坏了原始公社制度，产生了阶级社会；社会中贵与贱，贫与富逐渐分化，向着奴隶制度国家发展。

夏的文化就是考古学家所称的黑陶或龙山文化，分布地区很广（河南、山东和江南都有遗物发现），农业知识和手工艺的水平高于仰韶文化。但夏时常迁都，主要遗址尚待发掘。传说夏有城郭叫做“邑”。财产私有才有了保卫的必要；有了奴隶的劳动，城池一类的大土方建筑也成了可能。在山东龙山镇城子崖发现一处有版筑城墙的遗址，墙高约六米，厚约十米，南北长四五〇米，东西三九〇米，工程坚固，但是否夏的实例，我们还不能得出结论。夏启袭位以后，召集各部落首长在“钧台”大会，宣告自己继位。因为夷族不满意，启迁到汾浍流域的大夏，建都称做“安邑”。这两个作为地名的“台”和“邑”，和这类型的建筑物可能是有关系的。高出地面的和围起来的建筑物似乎都是在阶级社会形成的初期出现的。

夏启传到著名暴君桀是四百多年长的时间，纺织业和陶器物都很发达，已用骨占卜，后半期也有铜的遗物。文化又有若干进展。奴隶主的残酷统治招致了灭亡。夏桀是被殷的祖先商汤所灭。

商是在东方的部落，在灭夏以前已有十几代，文化已有相当发展，农业知识比夏更高，手工业也更进步，并且已利用奴隶生产，增加货物的制造。和建筑技术有密切关系的造车技术也传说是汤的祖先相土和王亥等所发明的。

尤其是王亥曾驾着牛车在部落间做买卖交易货物，这个事实和后代的殷民驾车经营商业的习惯有关。

商汤传了十代，迁都五次，到盘庚才迁移到现在河南安阳县的小屯村。这地方就是考古学家曾作科学发掘研究的殷墟遗址所在。内中有供我们参考的中国最早的地面建筑物的基址残迹。盘庚以后传到被周武王灭掉的纣，商朝文化又经过六百余年的发展。

在阶级剥削的基础上，商朝的文化比夏朝更有显著的进步。中国古代文化，包括文学、音乐、艺术、医药、天文、历法、历史等科学，在商朝都奠定了初基，建筑也不是例外。

殷墟遗址的发掘给了我们一些关于殷代建筑的知识。遗址是一些土台，大致按东西和南北的方向排列着，每单位是长方形的，长面向前。发掘所见有夯土台基，柱下有础石，且用铜板垫在柱下，间架分明，和后代建筑相同。因有东西向的和南北向的基址，可见平面上已有“院”的雏型。大建筑物之前还有距离相等的三座作为大门的建筑。韩非子所说的尧“堂高三尺，茅茨土阶”倒很像是描写殷代的宫殿或家庙的建筑。至于史记所说“南距朝歌，北据邯郸及沙丘，皆为离宫别馆”，形状如何，已不可见。殷亡后，封在朝鲜的殷贵族箕子来朝周王，路过殷墟，有“感宫室毁坏生禾黍”的话。我们知道这些建筑在周灭殷时就全部被焚毁了。考古学家断定殷墟所发掘的基址是“家庙”。这些基址的周围有许多坑穴，埋着大量的兽骨——祭祀时所杀的祭牛，乃至象、鹿等骨骼，也有埋着人骨的。另外经过发掘的是一些大型墓葬，内部用巨木横叠结构作墓室，规模庞大，不但殉葬器物数量大，珍品多，还杀了大量俘虏殉葬。这些资料所反映的情况是殷统治者残酷地对待奴隶，迷信鬼神，隆重地祭祀祖先，积聚珍品器物，驱使有专门技术的工奴为统治者制造铜器、玉器、陶器、骨器、纺织等和进行房屋建造。遗址中还有制造各种器物的工场。

第二阶段——西周到春秋·战国

（公元前一一二二—前二四七年）

周是注重农业生产而兴旺起来的小部落，对耕作的奴隶比较仁慈。周文王的祖父太王的时代，被戎狄所迫，不愿战争，率领一批人民迁到岐山下（陕西岐山县），许多其他地方的人民来依附他，人口增多。太王在周原上筑城郭家屋，让人居住，分给小块土地去开垦，和耕种者之间建立了一种新的关系。从此就开始了封建制度的萌芽，也成立了粗具规模的小国。

在我国最古的文学作品《诗经》里有一篇关于周初建筑的歌颂和描写，使我们知道，周初开始的新政治制度的建筑和殷末遗址中迷信鬼神，残酷对待奴隶的建筑，内容上是极不相同的。诗里先提到的是生活更美好，人民对这次建造有很高的情绪，例如说周祖先过去都是穴居的，"未有家室"，而迁到歧下时便先量了田亩，划出区域，找来管工程的"司空"和管理工役的"司徒"，带了木版、绳子和版筑用的工具来建造房子。他们打着鼓，兴奋地筑起许多堵用土夯筑的墙壁。接着又说先建了顶部舒屋如翼的宗庙，"作庙翼翼"，然后又立起很高的"皋门"，和整齐的"应门"，然后筑集会用的"大社"的土台或广场。虽然当时的具体形象我们不得而知，可注意的是这时建筑已不是单纯解决实用的而是有代表政治制度思想内容的作用的；并且在写这章诗的年代，已意识到人们对自己所创造的建筑物的艺术形象所起的效果是感觉愉快而骄傲的。

周文王反对殷统治的残暴、贪财、侈奢、酗酒和嬉游无度，荒废耕地。他自己所行的是裕民政策，他的制度建立在首领奉行"代天保民"，后代称为行"仁政"的思想上。事实上，这就是征收较有节制的租税，不强迫残暴的劳役，让农家有些积蓄，发生力耕的兴趣，提高生产。关于这种政治情况的时代的建筑物，一定还很简单朴实，如《诗经》所载周文王著名的灵囿，囿中有灵台和灵沼。古代的囿是保留着有飞禽走兽供君王游猎的树林区；内中的台和沼，就是供狩猎时瞭望的建筑，和养禽鸟的池沼。这种供古代统治者以射猎集会、聚众游宴的台，或开始于更远古利用天然的土丘而发展的，到了春秋战国，诸侯强盛的时候，才成为和宫室同样重要的台榭建筑。再发展而成为秦汉皇宫苑囿中一种主要建筑物，侈丽崇峻的台殿楼观，积渐成为中国建筑中“亭台楼阁”的传统。

《诗经》中有一篇以文王灵台为题材，描写人民为他筑台时的踊跃情形以反映政治良好的气象的诗。足见封建初期征用劳动力还有限，劳动人民和统治者在利益上，还没有大的矛盾，对于大建筑物的兴建，人民是有一定的热情和兴趣的。这正是周制度比商进步的证据。但是无可疑问的，这时周的工艺还简陋，远不如代代有专门技术奴隶进行制造奢侈器物的商和殷。殷统治下的氏族百工，分工很细，有大量奴隶。周公灭殷时，分殷民六族给鲁，七族给卫，内中就有九种专工。殷的铜器和刻玉，不但在技术上达到高度发展，在艺术造形和纹样图案方面也到了精致无比的程度。周占有了殷的百工后，文化艺术才飞跃地向前发展了。

西周之初，曾建造过三次城，一次比一次规模大，反映出它的发展，且每次内容也都反映出当时政治经济的情况的特点。第一次是他们农业发展到渭水流域，在沣水西边，文王建丰邑。第二次是武王建镐京，不但在沣水东边，而且由称“邑”到称“京”，在规模上必然是有区别的。第三次是周公在洛阳建王城，后来称东京。这次的营建是政治军事的措施。周灭东边的强国殷，俘虏了殷的贵族（大小奴隶主们），降为庶民；他们不服，周称他们做“顽民”，成了周政治上一个问题。为了防止叛乱，能控制这些“顽民”，周公选了洛阳，筑了成周，把他们迁到那里生产，并驻兵以便镇压。因此在成周之西三十余里，建造了中国最古的有规划的极方正的王城。这种王城的规模制度，便成了中国历代封建都市的范本。

一向威胁西周安全的是戎狄，反映在建筑上就有烽火台这种军事建筑物，它是战国时各国长城的先声。

到现在为止，我们对遗址从未作过科学发掘的西周建筑，没有一点具体实物资料。号称周文王陵的大坟墓也有待于考古家发掘证实；过去有所谓文王丰宫的瓦当是极可怀疑的遗物。

周的政治制度，且说是封建制度的萌芽，但是在建筑物上显然表现出当时是利用大量奴隶俘虏进行建造的，如高台、土城、陵墓都是需要大量劳动力的、有大量土方的工程，而主要的劳动力的来源是俘虏的奴隶。

西周被戎狄攻入，迁到洛阳称东周以后到春秋战国，王室衰微，诸侯各在自己势力范围内有最大权威，成立独立的大小国家。他们不严格遵守领主所有制：原来领主封得的土地可以自由买卖，产生了新兴的地主阶级。又因开始使用铁器，不但农业生产提高，并且大大影响到手工业和商业的发展。诸侯国的商业比周王国更发达。各处出现了大小都邑，如齐的临淄，赵的邯郸，郑的郑邑，卫的卫邑，和晋的绛，后来还有秦的咸阳和楚的寿春等等。这些城邑，都是人口增多，成了大商业中心。临淄的人口增到了七万户。手工业者由奴隶的身份转变为自由职业的匠人，还有自己的“肆”，坐在肆中生产并营业。巧匠是很被推崇的人物。尤其是木匠和造车的，都留下闻名到后代的匠师，如鲁的公输班，和轮匠扁这样的人物。

春秋战国时代，不但生产力和生产关系都起了变化，各国文化也因同非华族的民族不断战争和合并，推动了很蓬勃的发展。东方齐、鲁、卫早在商殷的基础上加了夷族的贡献，发展了华夏文化；最先使用铁器就是夷族。南方又有楚越开发长江流域的文化，吸收苗蛮的成就；如蚕业和漆器的卓越成就，不可能没有苗民的贡献。西方的秦在戎狄中称霸，开国千里，又经营巴蜀，一跃而成为诸侯国中最先进的国家。晋楚中间的小国郑，商业极端发达，用自己的经济特点维持在大国间自己一定的势力。近来新郑出土的铜器证明它的手工业也有自己极优秀的创造。这时北方的燕开始壮大，筑长城防东胡，发展中国北面的文化。韩、赵、魏三家分晋，各自独立发展，仍然都是强国。这样分布在全中国多民族的文化发展，后来归并成了七国，是统一中国的秦汉的雄厚基础，其中秦楚的贡献最大。

在建筑上，这时期最重要的是为农业所最需要的“邑”的组织形式：如有“十室之邑”和“千室之邑”等这种不同的单位。大都邑有时也称国，国有城池之设，外有乡民所需要的“郭”；内有商业所需要的“市”；卿士们所住的“里”；手工业生产者所需要的“肆”；诸侯的宫室、宗庙、路寝；招待各国使者的“馆”；王侯宴会作乐的“台榭陂池”，以及统治者的陵墓。人民所创造的财富愈大，技术愈精，艺术愈高，统治者愈会设法占有一切最高成就为他们的权利，乃至于不合理的享乐服务。宫室和台榭等等在这个时代，很自然地开始有雕琢加工的处理出现。晋灵公“厚敛以雕墙，从台上弹人，而观其避丸”，文献就给了我们这样一个例子。

今天我们所能见的建筑实物只有基址坟墓。大陵也还没有系统地发掘，小墓过于简单，绝不能代表当时地面建筑所达到的造形或技艺的水平。从墓中出土的文物来看，战国时工艺实达到惊人的程度。东周诸侯各国器物都精工细作，造形变化生动活泼，如金银镶错的器物，工料和技艺都可称绝品。新郑的铜器，飞禽立雕手法鲜明；楚文物中木雕刻、漆器、琉璃珠等都是工艺中登峰造极的。当时有多少这样工艺用到建筑上，我们无法推测。它们之间必然有一定程度的联系则可以断言。

文献上“美宫室，高台榭”的记载很多。鲁庄公“丹桓宫之楹而刻其桷”；赵文子自营居室，“斫其椽而砻之”，是建筑上加工的证据。晋平公“铜醍之宫数里”。吴王夫差的宫里“次有台榭陂池”，建筑规模是很大的。由于见了秦穆公的“宫室积聚”，曾说“使鬼为之则劳神矣！使人为之亦苦民矣！”这两句话正说出了工程技巧令人吃惊，而归根到底一切是人民血汗和智慧的意思。我们可以推测当时建筑规模、艺术加工，绝不会和当时其它手工艺完全不相称的。

在发掘方面，我们只有邯郸赵丛台和易县燕下都的不完整基址。这些基址证明当时诸侯确是纷纷“高台榭以明得志”。最具体的形象仅有战国猎壶上浮雕的一座建筑物。建筑物约略形状已近似汉画中所常见的。虽然表现技术是古拙的，所表现的结构部分却很明确，显然是写实的。根据它，我们确能知道战国寻常木结构房屋的大体。

没有西周到春秋战国这样一个多民族发展时期蓬勃的创造为基础，两汉灿烂的文化是不可能的。

第三阶段——秦·汉·三国

（公元前二四七—公元二四六年）

秦逐渐吞并六国，建立空前的封建极权皇朝，建筑也相应地发展到空前的规模。

秦的都城咸阳原是战国时七国之一的王城规模。秦每攻灭一个国家，就在咸阳的北面仿建这个国家的宫室。到秦统一六国，战国时期各国建筑方面的创造经验也就都随而集中到咸阳。战国以来各国高台榭、美宫室的各种风格在秦统一全国的过程中，发展出集珍式的咸阳宫室。这些宫殿又被“复道”加“周阁”连结起来，组合成复杂连续的组群，在总的数量以及艺术的内容上是远超出六国宫室之上。

公元前二二一年，全国统一之后，形成了新的政治经济形势。咸阳从前秦所建的王宫已经不能适应新情况的要求；到公元前二一二年开始兴建历史上著名的“阿房宫”。这座空前宏伟的宫是以全国统一的政治中心的规模建造的，位置在咸阳南面的渭水南岸。主要的“前殿”建在雄伟的高台上；根据记载是东西五百步，南北五十丈，上面可以坐万人，台下可以竖立高五丈的大旗；周回都有阁道；殿前有“驰道”，直达南山，并加筑南山的山顶，作为殿前的门阙；殿后加“复道”，跨过渭水与咸阳相连。这种带山跨河，长到几十里的布置手法以及咸阳附近二百里内建造了二百七十多处宫观和大量连属的复道的纪录，可以看到秦代建筑惊人的规模。

极其夸张的宫室建筑之外，秦代建筑雄大的规模也表现在世界驰名的长城上。秦代的长城是西起临洮，东到辽东，借战国各国旧有的长城为基础，用三十万士兵囚犯筑成的跨山越野蜿蜒数千里的军事工程。与长城相当的还兴筑了贯通全国重要城市的军用“驰道”，也是非常惊人的措施。

这些完全不顾民力的庞大建设工程，一方面表现了秦代惨酷的军事统治，另一方面也说明了战国以来生产力的发展，在得到统一之后发挥出的力量；整个秦代的建筑在新的经济基础上的发展是远超越了以前各时代，开创了新的统一的封建王朝的规模。

秦代的宏伟建筑仍是以木材结构配合极大的夯土高台建成的。这些庞大的工役一部分由内战时代俘虏担任，另一部分是征召来的人民在暴力强迫下进行的。秦以胜利者的淫威，在不顾民力的大兴工役中，横征暴敛，使人民流离死亡，更加深了阶级矛盾，促成了中国第一次大规模的农民起义。人民血汗和智慧所创造的咸阳壮丽的宫室只被人民认作残暴统治的象征。项羽领兵纵火全部烧毁它们以泄愤是可以理解的。但从此每次在易朝换代的争夺中，人民的艺术财富，累积在统治者的宫中纪念性建筑组群里的，都不能避免遭到残酷的破坏。

秦代的建筑现在仅能从阿房宫遗址和骊山秦始皇陵庞大的土方工程上看到当时的规模。秦始皇陵内部原有豪华的建筑和陈设也遭到项羽入关时劫掠破坏。但这部分秦代人民的创造残余部分，无疑的还埋藏在地下，等待考古科学家加以发掘整理。

西汉是秦末的农民斗争产生的封建统一王朝。这次起义所表现人民的力量，使汉初的统治者采用简化刑法和减轻剥削的政策，使人民得到休息，恢复了生产。

汉初的建筑是在战争没有结束时进行的。重要的建筑是在咸阳附近利用秦的离宫故基为基础修建的长乐宫。这座宫周围二十里，是一座具有高台大殿和许多附属殿屋的宫城。

接着建造的未央宫是西汉首创的一座宫。它的周围是二十八里，主持规划的是萧何，技术方面负责的是军匠出身的阳城延。刘邦曾因见到这座建筑的奢侈华丽而发怒。萧何说他主张建造未央宫的理由是“天子以四海为家，非壮丽无以重威。”这说明他认识到统治者可以使他的建筑作为巩固他的政权的一种工具；认识到建筑艺术所可能有的政治作用。这个看法对以后历代每次建立王朝时对于都城和宫室等艺术规模的重视起了很大的影响。

未央宫的前殿是以龙首山作殿基，使这座大殿不必使用大量的土方工程，就很自然地高耸出附近的建筑之上。这是高台建筑创造性的处理，目的在避免秦代那样使用大量人力进行土方工程的经验。

长乐、未央两宫都在秦咸阳附近，都是独立完整成组的规模。后建的未央宫是据龙首山决定的位置，两宫东西之间虽距离很近，但不是很整齐并列的。到公元前一八七年筑长安城时，南面包括两宫在内，北面因发展到渭水岸边，因此汉长安城的平面图形南北部不是整齐的直线。但这座壮丽大城的城内是规划成方正整齐的坊里，贯以平直宽阔的街道组成的，他的规模也发展到周围六十五里。

汉初的政策使农业得到急速的发展，到武帝时七十年间的和平时期，国家积累了大量的财富。随着经济的繁荣，西汉这时的国力和文化都超出附近国家。当时北方游牧的匈奴是最强悍的敌对民族，屡次侵入北方边境；中国甘肃以西的少数民族分成三十六国，都附属于匈奴。汉武帝想削弱匈奴，派张骞出使西域了解各国情况，并企图掌握与西方商业交通的干路。汉代因向西的发展而与优秀的古代小亚细亚和印度的文化接触，随着疆域的扩张和民族斗争的胜利，突破了以前局限的世界地理知识，形成大国的气派和自信。汉武帝时是早期封建社会的高峰，这时期的建筑，除增建已有的宫室之外，又新建了许多豪侈的建筑，其中如长安的建章宫和云阳的甘泉宫都是极其宏阔壮丽的庞大的建筑群。

建章宫在长安城西附郭，前殿更高于未央，宫内的建筑被称为“千门万户”，所连属的囿苑围数十里；宫内开掘人工的太液池，并垒土作山，池中的渐台高二十余丈。高建筑如神明台、井干楼各高五十丈。神明台上有九室，又立起承露盘高二十丈，直径大有七围。井干楼是积叠横木构成的复杂木构建筑。中国最早的高层建筑在这时候产生了。

长安东南的上林苑周围三百余里，其中离宫七十多座，能容千骑万乘。

西汉的宫室园囿很多是就秦代所筑的高基崇台作基础的，一般建筑规模并不小于秦代。由于生产关系比秦代进步，整个国家在蓬勃发展中，因此许多游乐性质的建筑在工料上又超过了秦代。这个时期的建筑，是随着整个社会的发展而又向前迈进了一步。

西汉农业的发展走向自由兼并。随着土地集中，阶级分化，到西汉末引起的农民起义，又再次在混战中焚毁了长安的宫室。

东汉是倚靠地主阶级的官僚政权统治人民的，国家的财力比较分散，都城洛阳的宫室规模不及长安，但在规划上更发展了整齐的坊里制度，都城的部署比长安更整齐了。

这时期的建筑，是王侯、外戚、宦官的宅第非常兴盛，如桓帝时大将军梁冀大建宅第，其妻孙盛也对街兴建，互相争胜。建筑是连房洞户，台阁相通，互相临望。柱壁雕镂，窗用绮疏青琐，木料加以铜和漆，图画仙灵云气；又广开苑囿，垒土筑山；飞梁石蹬，凌跨水道，布置成自然形势的深林绝涧。豪侈的建筑之外，宅第中的园林建筑也非常讲究。这些宅第的建筑记载超过了宫室，正反映着东汉社会的具体情况。

东汉洛阳的建筑也在末年的军阀战争中被董卓焚毁了。

这时期中可能是由于与西方交通的影响，用石材建造坟墓前纪念性建筑的风气逐渐兴盛。现在还留下少数坟墓前的石阙和石祠，其小如西康[①]雅安的高颐阙，山东嘉祥的武氏石阙和石室都是比较著名的遗物。在雅安的高颐

① 西康，中国旧省名，设置于1939年，省会雅安。1955年撤销。

阙选用的式样和浮刻上是充分地应用了当时的木建筑形式。在这些比例谨严的石刻遗物上可以看到一些具体的汉代建筑艺术形象。

考古学家发现的明器中有许多陶制的建筑模型和画像砖，使我们具体地看到汉代建筑的形象，由殿宇、堂屋、楼阁、台榭、庭院、门阙、城楼、桥梁到仓廪、厩厕等等。还有每次发掘所发现的汉代工艺美术品，其中如丝织、漆器、铜器之中，都有极其精美的作品，与汉代辉煌的物质文化发展情况相符合。而汉代建筑的精华则不是现存这些砖石坟墓的建筑或明器上所表现的所能代表的。在对大规模的遗址还没有作科学发掘工作的目前，我们仅能认识到汉代建筑的一些片断而已。

三国分裂的时期中，曹魏所据的中原地区有比较优越的人力和物质条件，建筑的规模也比较大。这时期中最突出的成就是曹操经营的邺城。从这座都城的文献记载上可以看到简单明确的分区规划和中轴对称的布局是发展到比东汉的洛阳更高的水平上。邺城的规划中如皇宫位置在城内中轴的北部，使皇宫面临城内纵横相交的主要干道；居民的坊里布置在城内南部；左右干道的交点布置成坊市的中心等先进的方式，都是隋唐长安的先型。

南方比较边远的地区，经吴和蜀两国的经营，经济文化都得到一定的发展。从考古学家发现的一些片断资料看到整个三国时期大致仍是汉代工程技术与艺术风格的继续，并没有显著的变化。

第四阶段——晋·南北朝·隋

（公元二六五—六一八年）

六朝的建筑是衔接中国历史上两个伟大文化时期——汉代与唐代的——桥梁，也是这两时期建筑不同风格急剧转变的关键。它是由汉以来旧的、原有的生活习惯、思想意识和新的社会因素，精神上和物质上剧烈的新要求由矛盾到统一过程中的产物。产生这新转变的社会背景主要有三个因素：一是北方鲜卑、羌等胡族占据中原——所谓“五胡乱华”在中国政治经济和文化上所起的各种复杂的变化。二是汉族的统治阶级士族豪门带了大量有先进技术的劳动人民大举南渡，促进了南方经济和文化的发展。三是在晋以前就传入的佛教这时在中国普遍的传播和盛行，全国上下的宗教热忱成了建筑艺术的动力。新的民族的渗入，新的宗教思想上的要求，和随同佛教由西域进来的各种新的艺术影响，如中亚、北印度、波斯和希腊的各种艺术和各种作风，不但影响了当时中国艺术的风尚手法，并且还发展了许多新的，前所未有的建筑类型及其附属的工艺美术。刻佛像的摩崖石窟，有佛殿、经堂的寺院组群，多层的木造的和砖石造的佛塔，以及应用到世俗建筑上去的建筑雕刻，如陵墓前石柱和石兽和建筑上装饰纹样等，就都是这时期创造性的发展。

寺院组群和高耸的塔在中国城市和山林胜景中的出现划时代地改变了中国地方的面貌。千余年来大小城市，名山胜景，其形象很少没有被一座寺院或一座塔的侧影所丰富了的。南北朝就是这种建筑物的创始时期。当时宗教艺术是带有很大群众性的。它们不同于宫廷艺术为少数人所独占，而是人人得以观赏的精神食粮，因此在人民中间推动了极大的创造性。

北魏统治者是鲜卑族，尊崇佛教的最早的表现方法之一是在有悬崖处开凿石窟寺。在第五世纪后半叶中，开凿了大同云冈大石窟寺。最初或有西域僧人参加，由刻像到花纹都带着浓重的西域或印度手法风格。但由石刻上看当时的建筑，显然完全是中国的结构体系，只是在装饰部分吸取了外来的新式样。北魏迁都到洛阳，又在洛阳开造龙门石窟。龙门石窟中不但建筑是原来中国体系的，就是雕刻佛像等等，也有强烈的汉代传统风格。表现的手法很明显是在汉朝刻石的基础上发展起来的。在敦煌石窟壁画上所见也证明在木构建筑方面，当时澎湃的外来的艺术影响并没有改变中国原有的结构方法和分配的规律。佛教建筑只是将中国原有的结构加以创造性的应用和发展来解决新问题。最明显的例子就是塔和佛殿。

当时的塔基本上是汉代的“重楼”，也就是多层的小楼阁，顶上加以佛教的象征物——即有“覆钵”和“相轮”等称做“刹”的部分。这原是个缩小的印度墓塔（中国译音称做“窣堵坡”或“塔婆”）。当时匠人只将它和多层的小楼相结合，作为象征物放在顶部。至于寺院里的佛殿，和其他非宗教的中国庭院殿堂的构造根本就没有分别。为了内容的需要，革新的部分只在殿堂内部的布置和寺院组群上的分配。

这时期最富有创造性而杰出的建筑物应提到嵩山嵩岳寺砖塔。在造型上，它是中国建筑第一次，也是唯一的一次试用十二角形的平面来代替印度窣堵坡的圆形平面，用高高的基座和一段塔身来代表“窣堵坡”的基座和“覆钵”（半球形的塔身），上面十五层密密的中国式出檐代表着“窣堵坡”顶上的“刹”。不但这是一个空前创作，而且在中国的建筑中，也是第一个砖造的高度达到近乎四十米的高层建筑，它标志着在砖石结构的工程技术上飞跃的向前跨进了一大步。

南北朝最通常的木塔现在国内已没有实物存在了。北魏杨炫之在《洛阳伽蓝记》中详尽地叙述了塔寺林立的洛阳城。一个城中，竟有大小一千余个寺庙组群和几十座高耸的佛塔。那景象是我们今天难以想象的。木塔中最突出的是永宁寺的胡太后塔：四角九层，每层有绘彩的柱子，金色的斗栱，朱红金钉的门扇，刹上有“宝瓶”和三十层金盘。全塔架木为之，连刹高“一千尺”，在“百里之外”已可看见。它在城市的艺术造型上无疑的是起着巨大作用的高耸建筑物。即使高度的数字是被夸大了或有错误，但它在木结构工程上的高度成就是无可置疑的。这种木塔的描写，和日本今天还保存着若干飞鸟时代（隋）的实物在许多地方极为相近。云冈石窟中雕刻的范本和这木构塔的描写基本上也是一致的。

当隋统一中国之前，南朝“金粉地”的建康，许多侈丽的宫殿，毁了又建，建了又毁，说明南朝更迭五个朝代，统治者内部政治局势的动荡不定。但统治阶级总是不断地驱使劳动人民为他们兴建豪华的宫殿的。在艺术方面，虽在政治腐败的情况下，智慧的巧匠们仍获得很大的成就。统治者还掠夺人民以自己的热情投在宗教建筑上的艺术作品去充实他们华丽的宫苑。齐的宫殿本来已到“穷极绮丽”的程度，如“遍饰以金壁，窗间尽画神仙，……椽桷之端悉垂铃佩，……又凿金为莲花以帖地”等等，他们还嫌不足，又“剔取诸寺佛刹殿藻井、仙人、骑兽以充足之”。从今天所仅存的建筑附属艺术实物看来，如南京齐、梁陵墓前面，劲强有力，富于创造性的石柱和百兽等，当时南朝在木构建筑上也不可能没有解决新问题的许多革新和创造。

到了隋统一全国后，宫廷就占有南北最优秀的工艺匠人。杨广（隋炀帝）的大兴土木，建东京洛阳，营西苑时期，就有迹象证明在建筑上摹仿了南朝的一些宫苑布局，南方的艺匠在其中也起了很大作用。凿运河通江南，建造大量华丽有楼殿的大船时，更利用了江南木工，尤其是造船方面的一切成就。在此之前，杨坚（文帝）曾诏天下诸州各立舍利塔，这种塔大约都是木造的，今虽不存，但可想见这必然刺激了当时全国各地方普遍的创造。

在石造建筑方面，北魏、北周、北齐都有大胆的创造，最丰富的是各个著名的石窟寺的附属部分。也就是在这时期一位天才石匠李春给我们留下了可称世界性艺术工程遗产的河北赵县的大石桥。中国建筑艺术经过这样一段新鲜活泼的路程，便为历史上文艺最辉煌的唐代准备了优越的条件。

第五阶段——唐·五代·辽

（公元六一八——一一二五年）

这个阶段的建筑艺术是以南北朝在宗教建筑方面和统一全国的隋代在城市建设方面所取得的成就为基础的。初唐建设雄宏魁伟的气魄和中唐雅致成熟的时代风格是比南北朝或隋代的宗教艺术更向前迈进了一大步的。唐将外来许多新因素汉化了，将陌生的非中国的成分和典雅庄严对称的中国格局相结合，为中国的封建社会生活服务。如须弥座、莲瓣、柱础、砖塔、塔檐瓦饰、栏杆之类都改进成更接近于中国人民所习惯的风格。在砖塔式样上也经过一些成熟的变化；中国第一座八角塔就在这时期初次出现。唐建筑制度、技术手法和艺术作风的特点开始于初唐，盛于中唐前后，在中央政权削弱的晚唐和藩镇割据的五代时期仍在全国有经济条件的地区，风行颇长一个时期，而没有突出的改变。

唐政治经济的特点是唐初李渊父子统一了隋末暴政所引起的混战中的中国而保留了隋政治、经济、文物制度中的一些优点；在李世民在位的二十几年中，确使人民获得休养生息的机会。当时政治良好，而同时对外战争胜利，鼓励胡族汉人杂居，不断和西域各民族有文化和商业的交流。农业生产提高，商业交通又特别发展，海路可直通波斯。社会经济从此一直向上发展了百余年。基础稳定的唐代中央专制集权的封建社会恢复了西汉的盛况，全国文学艺术便随着有了高度的发展。唐代在建筑上一切成就也就是中国封建社会的文学艺术到达一个特殊全盛时代的产物。唐中央政权的腐朽削弱开始于内部分裂，终于在和藩镇的矛盾和农民的反抗中灭亡。但是工商业在很大程度内未受中央政权强弱的影响。宗教建筑活动也普遍于民间，并不限于中央皇室的建造。

当隋初统一南北建国时期计划了后来成为唐长安的大兴城时，有意识地要表现“皇王之邑”。因此建造的是都城、皇城、宫城、正朝、府寺、百司、公卿邱第、民坊、街市等等——明明白白的是封建政权的秩序所需要的首都建设。它所反映的是统一封建专制国家机器的一个重要方面。也就是当时的统治阶级所制定的所谓文物制度的一种。唐初继承了这样一个首都。最主要的修建就是改大兴殿为太极殿。左右添了钟楼、鼓楼，使耸起的形象更能表现中央政权的庄严。再次就是另建一个雄伟的皇宫组群。新建的大明宫在一条南北中线上立了一系列的大殿，每殿是一组群，前面有门，最南面是丹凤门和含元殿。大殿就立在龙首山的东趾上，“殿陛高于平地四十余尺”，左右有“砌道盘上，谓之龙尾道”。殿左右有两阁，阁殿之间用“飞廊”相接。这样的形象魁伟、气魄雄宏的规模，是过去汉未央宫开国气概的传统。不过在建造上显然是以汉兴以来八百年里所取得的一切更优秀的成就来完成的。但在宗教建筑方面，初唐承继了隋代的创建，并不鼓励新建造。这方面显然不是当时主要的活动。

代表初唐以后到中叶的建筑活动的有两个方面：宫廷权贵为了宴游享乐所建的侈丽宫苑建筑和邸第，和宗教建筑活动。在这两个方面高度艺术性的各种创造都是当时熟练的工匠和对宗教投以自己的幻想和热忱的劳动人民集体智慧的结晶。代表前一种的，可以举宫廷最优秀的艺匠为唐玄宗在骊山建筑的华清宫，这样著名的艺术组群，据记载是“骊山上下，益置汤井为池，台殿环列山谷”，并且一切是“制作宏丽”，“雕镌巧妙”，“殆非人功”的艺术创造。有名的长安风景区的曲江上宫苑也在这时期开始了建筑。至于当时权贵和公主们所竞起的宅第则是“以侈丽相高，拟于宫掖，而精巧过之”。这样的事实说明当时建筑工程技术和艺术上最高成就已不被宫廷所独占，而是开始在有钱有势的阶层里普遍起来了。

唐代的皇室因为姓李，所以尊崇道教，因为道教奉李耳为始祖。然而佛教的势力毕竟深入到广大民间，今天存留的唐代建筑，除极少数摩崖造像外，全部都是佛教的。其中较早的，全是砖塔。

唐朝的砖塔大致可分为四个类型：(一)“重楼式”塔，如西安慈恩寺的大雁塔和兴教寺的玄奘塔等。它们的形式像层层叠起的四方形重搂，外表用砖砌成木结构的柱、枋、斗栱等形象。这两座塔都建于七世纪后半和八世纪初年。它们是砖造佛塔中最早砌出木构形式的范例。(二)“密檐式”塔，如西安荐福寺的小雁塔，河南嵩山永泰寺塔和云南大理崇圣寺的千寻塔等。这个类型都在较高的塔身上出十几层的密檐，一般没有木结构形式的表面处理。以上两个类型平面都是正方形的，全塔是一个封顶的“砖筒”，内部用木楼板和木楼梯。(三)八角形单层塔，嵩山会善寺净藏禅师塔是这类型的孤例。它是五代以后最通常的八角塔的萌芽。(四)群塔，山东历城九塔寺塔，在一个八角形塔座上建九个小塔，是明代以后常见的金刚宝座塔的先驱。自从嵩山嵩岳寺塔建成到玄奘塔出现的一百五十年间，没有任何其他砖塔存留到今天，更证明嵩岳寺塔是一次伟大的尝试。而唐代在数量上众多和类型上丰富的砖塔则说明造砖和用砖的技术在唐代是大大地发展了一步。

宗教建筑方面一次特殊的活动是武则天夺得政权后，在洛阳驱役数万人建造奇异的“明堂”“天堂”“天枢”等。这些建筑物不是属于佛教的，但是创造性地吸取了佛教艺术的手法，为这个特殊政权所要表现的宗教思想而服务的。“明堂”称做“万象神宫”，内有“辟雍之像”，建筑物高到二九四尺，方三〇〇尺，一共三层。“下层法四时；中层法十二辰，上为圆盖，九龙捧之；最上层法二十四气，亦有圆盖。以木为瓦，夹纻漆之，上施铁凤高一丈，饰以黄金。”在结构方面是很大胆的，当中用巨木，“上下通贯、栭、栌、撑、槐，借以为本”。“天堂”高五级，是比明堂更高的建筑，内放“夹纻”大像（夹纻是用麻布披泥胎上加漆，干了以后去掉泥胎成空心的器物的做法）。“天枢”是高百余尺的八角铜柱，径大十二尺，下为铁山，周七十尺，立在端门外。这些创造，虽然都是极特殊的，但显然有它们的技术基础和艺术上的良好条件的。佛教建造的有在龙门崖上凿造的巨大石像，和窟外的奉先寺（寺的木构部分已不存，但这组巨像是唐代雕刻得以保存到今天的最可珍贵的实物之一）。

自七世纪末叶以后到八世纪中叶，建造寺院的风气才大盛。原因是当时社会的需要。八世纪中叶奢侈无度的中央政权遇到藩镇的叛变，长安被安禄山攻破，皇帝出走四川。唐中央政权从此盛极而衰，此后和地方长期战争，七八十年中，人民受尽内战的灾害搜刮之苦，超度苦难的思想普遍起来。在宫廷方面，软弱的封建主，遇有变乱，也急求佛法保佑，建寺用费庞大，还拆了宫殿旧料来充数。宫廷特别纵容僧尼，京城内外良田多被僧寺占有。在五台山造金阁寺，全用涂金的铜瓦，施工用料的程度也可见一斑。到了九世纪初叶，皇帝迎佛骨到京师，在宫中留三日，送各寺院里轮流供奉，王公士民敬礼布施，达到举国若狂的地步。宦官权臣和豪富施钱造寺院或佛殿、塔幢以求福的数目愈来愈多，为避重税求寺院庇商的人民数目也愈来愈大。九世纪中叶宗教势力和政权间的矛盾便造成会昌五年（公元八四五年）的“灭法”。当时下诏毁掉官立佛寺四千六百余区，私立寺院四万余区，归俗僧尼二十六万五百人，财货田产入官，取寺屋材修葺公廨，铜像钟声改铸钱币。这些事实说明人民的财富和心血，在封建社会的矛盾中，不是受到不合理的浪费，就是受到残酷的破坏，卓越的艺术遗产得以保存到今天的真是不到万一！

唐代有高度艺术的、崇峻而宏丽的宗教建筑大组群的完整面貌，今天已无法从实物上见到。对于建筑结构和装饰的形象，我们只有在敦煌石窟寺壁上，许多以很写实的殿宇楼阁为背景的佛教画里，可以得到较真实的印象。敦煌著名的壁画《五台山图》中描绘了九十座寺院组群的位置，其中之一“大佛光之寺”，就是今天还存在五台山豆村镇的大佛光寺。更可宝贵的事实是寺内大殿竟是幸存到今天的一座唐代原物。我们从这座在会昌灭法后又建造起来的实物上，可以具体地见到唐代建筑艺术风格手法，和它们所曾到达的多方面的成就。这座建筑遗产对于后代是有无法衡量的价值的。

总的说来，唐代在建筑方面的成就，首先是城市作有计划的布局，规模宏大，不但如长安、洛阳城，并且普遍及于全国的州县，是全世界历史上所未有的。其次就是个别建筑组群在造形上是以艺术形态来完成的整体；雄宏壮丽的形象与华美细致的细节、雕塑、绘画和自然环境都密切地有机地联系着。以世界各时代的建筑艺术所到达的程度来衡量，这时期的中国建筑也到达了艺术上卓越的水平。当然，无论是长安的宫廷建筑物还是各处名山胜地的宗教建筑物，还是一般城市中民用建筑物，都是和唐初期全国生产力的提高，和以后商业经济的繁荣，工艺技术的进步，西域文化的交流等等分不开的。但一个主要的方面还是当时宗教所促进的创造有全民性的意义。劳动人民投入自己的热情、理想和希望，在他们所创造的宗教艺术上：无论是雕刻、佛像或花纹；作大幅壁画，或装饰彩画；建造大寺，高塔或小龛，或是代表超度人类过苦海的桥，当时人民都发挥了他们最杰出最蓬勃的创造力量。

中唐以后，中央政权和藩镇争夺的内战使黄河流域遭受破坏，经济中心转移到江淮流城。唐亡之后，统治中原的政权，在五十余年中，前后更换了五次，称做五代。其他藩镇各自成立了独立政权的称做十国。中原经济力衰弱，无法恢复。建筑发展没有可能。掌握政权者对于已破坏的长安完全放弃，修葺洛阳也缺乏力量。偶有兴建，匠人只是遵随唐木工规制，无所创造。山西平遥镇国寺大殿是五代木构建筑的罕贵的孤例。五代建筑在北方可说是唐的尾声。

十国在南方的情况则完全不同；个别政权不受战争拖累，又解除了对唐中央的负担，数十年中，经济得到新的发展而繁荣起来。建筑在吴越和南唐，就由于地理环境和新的社会因素，发展了自己的新风格。如南京栖霞寺塔以八角形平面出现，在造形方面和在雕刻装饰方面都有较唐朝更秀丽的新手法，在很大程度上是后来北宋建筑风格的先声。

辽是中国东北边境吸取并承继了唐文化的契丹族的政权。在关外发展成熟，进占关内河北和山西北部，所谓燕云十六州，包括幽州（今天的北京）在内。辽是一个独立的区域政权，不是一个朝代，在时间上大部虽和北宋同时，但在文化上是不折不扣的唐边疆文化。在进关以前，替辽建设城市和建筑寺庙的是唐代的汉族移民，和汾、并、幽、蓟的熟练工匠。他们是以唐的规制手法为契丹族的特殊政权、宗教信仰和生活习惯服务的。结果在实践中创造了某一些属于辽的特殊风格和传统。后来这种风格又继续影响关内在辽境以内的建筑——北京天宁寺辽砖塔就是辽独创作风的典型例子，而木构建筑如著名的蓟县独乐寺观音阁和应县佛宫寺木塔却带着更多的唐风，而后者则是中国木造佛塔的最后一个实例。

基本上，唐、五代和辽的建筑是同属于一个风格的不同发展时期。关于这一阶段的中国建筑，更应该提到的是他对朝鲜、日本建筑重大的影响。研究日本和朝鲜建筑者不能不理解中国的隋唐建筑，就如同研究欧洲建筑者不能不理解古希腊和罗马建筑一样。不但如此，这时期的中国建筑也影响到越南、缅甸和新疆边境。并且唐和萨珊波斯的文化交流，并不亚于和印度及锡兰的。唐朝是中国建筑最辉煌的一大阶段。

第六阶段——两宋到金·元

（公元九六〇——一三六七年）

这个大阶段以五代末的北周以武力得到淮南江北的经济力量，在汴梁的建设为序幕；北宋统一了南北是它的发展和全盛时期；南宋是北宋的成就脱离了原来政治经济基础，在江南的条件下的延续与转变；金和元都是在外族统治下宋的风格特点在北方和新的社会因素相结合的产物。

宋代建筑是在唐代已取得的辉煌成就的基础上发展起来的。但宋代建筑的特点与唐代的有着极大区别。

要理解宋建筑类型、手法风格和思想内容，我们必须理解宋代政治经济情况以下几个方面：（一）赵匡胤没有经过战争便取得了政权。五代末朝后周在汴梁因疏浚了运河和江淮通航所发展的工商业继续发展；中原农业生产或得到恢复，或更为提高。居于水陆交通要道的汴梁人口密集，是当时的政治中心兼商业中心。赵炅（太宗）以占领江淮门户的优越条件，进而征服了五代末期南方经济繁荣的独立小政权如南唐、吴越、后蜀，统一了中国，不但在经济上得到生产力较高的南方的供应，在文化上也吸取了南方所发展的一切文学艺术的成就，内中也包括建筑上的成就。（二）因内部矛盾，宋代军权集中于皇帝一人手中。无所事事，成为庞大消费阶层的军队全力防内，对外却软弱无能，在北方以屈辱性的条约和辽媾和，在西方则屡次受西夏侵扰。统治者抱有苟安思想，只顾眼前享乐生活。建设的规模，建筑物的性质、气魄，和唐代开国时期和晚唐信奉宗教的热烈情况都不相同。（三）建立了庞大的官僚机构，这个巨大的寄生阶层，和大小地主商贾血肉相连，官僚们利用统治地位从事商业活动。在封建社会中滋长的“资本主义成分”的力量引起社会深刻的变化。全国中小消费阶层的扩大促进了这时期手工业生产的特殊繁荣。国内出现了手工艺市镇和较大的商业中心城市（特别突出的如京都汴梁、成都、兴元〈汉中〉和杭州等）。城市中某些为工商业服务的新建筑类型，如密集的市楼、邸店、廊屋等的产生，都是这时期城市生活的要求所促成的。又因商业流动人口的需要，取消了都城“夜禁”的限制，在东京出现了夜市和各种公共娱乐场所，如看戏的瓦子和豪华的酒楼，以后很普遍。（四）手工业的发展进入工场的组织形式，内部很细的分工使产品的质量和工艺美术水平普遍地提高。宋代瓷器、织锦、印刷、制纸等工业都超过了过去时代的水平。这一切细致精巧的倾向也影响了当时的建筑材料和细致加工的风格。

宋建筑的整体及格，初期的河北正定龙兴寺大阁残部所表现，仍保持魁伟的唐风。但作为首都和文化中心的汴梁是介于南北两种不同建筑风格之间，很快地同时受到五代南方的秀丽和唐代北方壮硕风格的影响，或多或少地已是南北作风的结合。山西太原晋祠圣母庙一组是这一作风的范例，虽然在地理上与汴梁有相当的距离。注重重楼飞阁较繁复的塑型，受到宫中不甚宽敞地址的限制，平面组合开始错落多变化；宫廷中藏书的秘阁就是这种创造性的新型楼阁。它的结构是由南方吴越来的杰出的木工喻皓所设计，更说明了它成就的来源。公元一〇〇〇年（真宗）以后，宫廷不断建筑侈丽的道观楼阁，最著名的如玉清昭应宫，苏州人丁谓领导工役，夜以继日施工了七年建成。每日用工多到三四万人，所用材料是从全国汇集而来的名产。瓦用绿色琉璃；彩画用精制颜料绘成织锦图案，加金色装饰。这个建筑构图是按画家刘文通所作画稿布置的。其中的七贤阁的设计也是在高台上更加“飞阁”，被当时认为全国最壮观的建筑物。

汴梁宫廷建筑的华丽倾向和因宫中代代兴建，缺乏建筑地址，平面布置上不得不用更紧凑的四合围拢方式或两旁用侧翼的楼和主楼相联，或前后以杖廊相联的格式。这些显然普遍地影响了宋一代权贵私人第宅和富豪商贾城市中建筑的风格。

原来是商业城市改建为首都的汴梁，其规模和先有计划的“皇王之邑”的长安相去甚远，宫前既无宏大行政衙署区域，也无民坊门禁制度。除宫城外，前部中轴大路两旁，和横穿京城的汴河两岸，以及宫旁横街上，多半是商业性质建筑所组成的。人口密集之后，土地使用率加大，更促进了多层市楼的发展。因此豪华的店屋酒楼也常以重楼飞阁的姿态出现；例如《东京梦华录》中所描写的“三楼相高，五楼相向，各有飞阁栏槛，明暗相通”的酒店矾楼就最为典型。发展到了北宋末赵佶（徽宗）一代，连年奢侈营建，不但汴梁宫苑寺观“殿阁临水，云屋连簃”，层楼的组群占重要位置，它们还发展到全国繁华之地，有好风景的区域。虽然实物都不存在，今天我们还能从许多极写实的宋画中见到它们大略的风格形象。它们主要特征是歇山顶也可以用在向前向后的部分，上面屋脊可以十字相交，原来屋顶侧面的山花现在也可以向前，因此楼阁嶙嶒，在形象上丰富了许多。宋画中最重要的如《黄鹤楼图》、《滕王阁图》及《清明上河图》等等，都是研究宋建筑的珍贵材料。日本镰仓时代的建筑受到我们这一时期建筑很大的影响，而他们实物保存得很好，也是极好的参考材料。总之，在城市经济繁荣的基础上所发展出来的，有高度实用价值，形象优美，立面有多样变化组合的楼阁是宋代在中国建筑发展中一个重大贡献。

其次如建筑进一步分工，充分利用各种手工业生产的成就（用）到建筑上，如砖石建筑上用标准化琉璃瓦和面砖，并用了陶瓷业模制压花技术的成就，到今天我们还可以从开封琉璃铁塔这样难得的实物上见到。木构建筑上出现了木雕装饰方面的雕作和镟作。彩画方面采用了纺织的成就，用华丽的绫锦纹图案。因为这纸业的发展，门窗上可大量糊纸，出现了可以开关的球文格子门和窗等等。这些细致的改进不但改变了当时建筑面貌，且对于后代建筑有普遍影响。

因为宋代曾采用匠人木经编成中国唯一的一本建筑术书《营造法式》，纪录了各种建筑构件相互间关系及比例，以及斗栱砍削加工做法和彩画的一般则例，对后代官匠在技术上和艺术上有一定的影响。

南宋退到江南，建都临安（杭州），把统治阶级的生活习惯、思想意识，都带到新的土壤上培植起来，建筑风格也不例外。但是在严重地受着侵略威胁的局面下和萎缩的经济基础上，南宋的宫廷建筑的内容性质改变了，全国性规模的建筑更不可能了。南京重修的城市寺观起初仍极为奢华，结构逐渐纤弱造作，手法也改变了。这时期的重要贡献是建筑和自然山水花木相结合的庭园建筑在艺术上的成就。宫廷在临安造园的风气影响到苏州和太湖区的私家花园，一直延续到后代明、清的名园。

金的统治阶级是文化落后于汉族的女真族。金的建设意识上反映着摹仿北宋制度的企图。从事创造的是汉族人民，在工艺技术上是依据他们自己的传统的。而当时北方一部分却是辽区域作风占重要位置。因此宋辽混合掺杂的手法的发展是它的特点之一。有一些金代建筑实物在结构比例上完全和辽一致，常常使鉴别者误为辽的建筑。另有一些又较近宋代形制，如正定龙兴寺的摩尼殿和五台山佛光寺的文殊殿，一向都被认为是宋的遗物。第三种则是以不成熟的手法，有时形式地摹仿北宋颓废的繁琐的形象，有时又作很大胆的新组合，前者如大同善化寺三圣殿，后者如正定广慧寺华塔，都是很突出的。像华塔那样的形式，可以说是一种紧凑的群塔，是一种富于想象力的创造。

金人改建了辽的南京（今天北京城西南广安门内外一带），扩大了城址，称做中都。这次的兴建是金海陵王特命工匠监官摹仿北宋首都汴梁而布置的。因此中都吸取了宋的城市宫城格局的一切成就，保存了北宋宫前广场部署的优良传统。中都宫前的御河石桥，两侧的千步廊也就是元大都的蓝本。明清两代继续沿用这种布局；今天北京的天安门前和午门、端门前壮丽的广场，就是由这个传统发展而来的。

元代的蒙古游牧民族，用极强悍的骑兵，侵入邻近的国家，在短短的几十年中，建立了横跨欧亚两洲历史上空前庞大的帝国。

在元代统治中国的九十多年中，蒙古族采用了残酷的武力镇压手段，破坏着中国原来的农业基础，在残酷的民族斗争中，全国的经济空前地衰落了；因此元代一般的地方建筑也是空前地粗糙简陋的。这时期统治阶级的建筑是劫掳各先进民族的工匠建造的，因此有一些部分带有其他民族的风格，大体是继承了金和南宋后期细致纤丽的风格。

元代的京城大都（现北京）是蒙古族摧毁了金的中都之后创建的。这座在宽阔的平原上新创的城市，在平面上表现着整齐的几何图形观念；城的平面接近正方形，以高大的鼓楼安置在全城的几何中点上。皇宫的位置是在城内南面的中轴线上。这是参照周礼“面朝背市，左祖右社”的思想，综合金代中都所沿袭的宋汴京的规划，依照当时蒙古族的需要而创建的。这种以高大的鼓楼作全城中心的方式，现在在北方的一些中小城市中仍可以看到它的影响。

元大都的宫殿建筑是以豪华精致的中国木构式样为主。一般宫殿建筑组群的主殿是采用工字形平面，前殿是集会和行政的殿堂，用廊连接的后部就是寝殿。殿内的布置，是用贵重的毛皮或丝织品作壁幛，完全掩蔽了内部的墙壁和木构。这种的布置与汉族宫廷内分作前朝和后宫的方式不同，内部的处理仍旧保留着游牧民族毡帐生活的习惯。

元代宫殿的木构建筑方面进一步发展了琉璃，从宋代的褐、绿两种色彩发展成黄、绿、蓝、青、白各色，普遍地应用到宫殿和离宫上，更丰富了屋顶的色彩。

元代上都（内蒙古多伦附近）主要宫殿的遗址是砖石结构的建筑，这可能是西方工匠建造的。此外像大都宫中的“畏吾儿殿”应是维吾尔族的式样，还有相当多的“盝顶殿”和“棕毛殿”，也都是元以前小国传统所没有的其他民族风格。

元代的统治阶级以吐蕃（西藏）的喇嘛教作为国教，吐蕃的建筑和艺术在元代流传到华北一带，出现了很多西藏风格的喇嘛塔。矗立在北京的妙应寺白塔就是这时期最宏伟的遗物。从著名的居庸关过街塔残存的基座上和古雕刻纹样手法上也可以看到当时西藏艺术风格盛行的情况。

都城以外的建筑仍是汉族工匠建造的，继续保持着传统的中国风格。其中一种类型可能是地方的统治阶层兴建的，比较细致精巧，但带有显著的公式化倾向，工料也比较整齐；典型的代表例如正定的关帝庙，定兴的慈云阁。另一种是施工非常粗糙，木料贫乏到用天然的弯曲原木作主要的构架，其中的结构是煞费苦心拼凑成的。现在的这类建筑大多是当地人民信仰的祠庙或地方性的公共建筑。例如河北正定的阳和楼，曲阳北岳庙的德宁殿，安平的圣姑庙或山西赵城的广胜寺。这后一种在困难的物质条件限制下表现了比较多的设计意匠。它们正是这段艰苦的时期中人民生活的反映，鲜明地刻画出元代一般建筑艺术衰落的情况。

第七阶段——明·清两朝和旧中国时期

（公元一三六八—一九一九—一九四九年）

在这五百八十余年中，中国历史上发生了巨大的转变。（一）在汉族农民起义，摧毁并驱逐了蒙古族统治阶级以后，朱元璋建立了明朝，恢复了汉族的统治，恢复了久经破坏的经济。但自朱棣以后，宦官掌握朝政二百余年，统治阶级昏庸腐朽达到极点。（二）满族兴起，入关灭明，统治中国二百六十余年；阶级压迫与民族压迫合而为一。（三）西方新兴的资本主义的商人和传教士，由十六世纪末开始来到中国，逐步导致十九世纪中的鸦片战争和中国的半殖民地化。（四）人民革命经过一百零九年的英勇斗争，推翻了满清皇朝，驱逐了帝国主义侵略者，肃清了封建统治阶级，建立了人民民主的中华人民共和国。

朱元璋以农民出身，看到异族压迫下农村破产的情形，亲身参加了民族解放战争，知道农业生产是恢复经济、巩固政权的基本所在，所以建立了均田、农贷等制度，解放了异族压迫，恢复了封建的生产关系，使经济很快恢复。在建国之初，他已占有江淮全国最富庶的地区，国库充实起来，使他得以建设他的首都南京，作为巩固政权的工具之一。

明朝建立以后不久，官式建筑很快就在布局、结构和造形上出现了与前一阶段区别显著的转变。在一切建置中都表现了民族复兴和封建帝国中央集权的强烈力量。首都南京的营建，征发全国工匠二十余万人，其中许多是从蒙古半奴隶式的羁束下解放出来的北方世代的匠户。除了建造宫殿衙署之外，他特别强调恢复汉族文化和中国传统的礼仪：例如天子郊祀的坛庙和身后的陵寝，都以雄伟的气魄和庄严的姿态建置起来。

朱棣（成祖）迁都北京，在元大都城的基础上，重新建设宫殿、坛庙，都遵南京制度，而规模比南京更大。今天北京的故宫大体就是明初的建置。虽然大部分殿堂已是清代重建的，明朝原物还保存若干完整的组群和个别的主要殿宇。社稷坛（今中山公园）、太庙（今劳动人民文化宫）和天坛，都是明代首创的宏丽的大组群；其中尤其是天坛在规模、气魄、总体布置和艺术造型上更是卓越的杰作。虽然祈年殿在光绪十五年曾被落雷焚毁，次年又照原样重修；皇穹宇一组则是明代最精美的原物，并且是明手法的典型。昌平县[①]天寿山麓的长陵（朱棣墓），以庙宇的组群同陵墓本身的地面建筑物结合，再在陵前布置长达八公里的行道，这一切又与天寿山的自然环境结合为一整体。气魄之大，意匠之高，全国其他建筑组群很少能和它相比的。

明初两京的两次大建设将南北的高手匠工作了两次大规模调配，使南方北方建筑和工艺的特长都得以发挥出来，汇合为一，创造出明代的特殊风格。西南的巨大楠木，大量在北京使用。这样的建筑所反映的正是民族复兴的统一封建大帝国的雄伟气概。

① 昌平县现为昌平区。

自从朱棣把宦官干涉朝政的恶劣传统培植起来以后，宦官成了明朝二百余年统治权的掌握者。在建筑方面，这事实反映在一切皇家的营建方面。每一座明朝“敕建”的庙宇，都有监修或重修的太监的碑志，不然就在梁下、匾上留名。至于明代宫中八次大火灾（小火灾不计），史家认为是宦官故意放火，以便重建时贪污中饱的。更不用说，宦官为了回避宦官禁置私产的法律规定，多借建庙的名义，修建寺院，附置庭园、“僧舍”，作为自己休养享乐之用。如北京的智化寺（王振建）、碧云寺庙（魏忠贤建），就是其中突出的例子。明末魏忠贤的生祠在全国竟达五六百所，更是宦官政治的具体的物质表观。

明代官匠制度增加了熟练技术工人，大大地促进手工艺技术的水平。明代建筑使用大量楠木和质地优良的砖，工精料美，丝毫不苟。在建筑工程方面，榫卯准确，基础坚实，彩画精美，也是它的特色。琉璃瓦和琉璃面砖到了明朝也得到了极大的发展。太庙内墙前的琉璃花门上细部如陶制彩画额枋就精美无比。除北京许多琉璃牌坊和琉璃花门外，许多地方还出现了琉璃宝塔，其中如南京的报国寺七宝琉璃塔（太平天国战争中毁）和山西赵城广胜寺飞虹塔，都说明了在这方面当时普遍的成就。

在明中叶的初期，由印度传入“金刚宝座式”塔，在一个大塔座上建造五座乃至七座的群塔。北京真觉寺（五塔寺）塔是这类型的最卓越的典型。这个塔型之传入使中国建筑的类型更丰富起来。在清代，这类型又得到一定的发展。

在“党祸”的斗争中退隐的地主官僚和行商致富的大贾，则多在家乡营造家祠或私园以逃避现实世界。明末私家园林得到极大发展，今天江南许多精致幽静的私园，如苏州的拙政园，就是当时林园的卓越一例，也是当时社会情况下的产物。最近在安徽歙县发现许多私家的第宅，厅堂用巨大楠木柱，规模宏大。可见当时商业发展，民间的财富可观。

明中叶以后，一方面由于工艺发展，砖陶窑业取得了极大的进步，一方面由于国内农民起义和东北新兴的满洲族的军事威胁，许多府县都大量用砖瓷砌城堡。这方面最杰出的实例就是北京城和万里长城。这两个城虽然各在不同的地方和不同的地形上建造起来，但都以它们雄健简朴的庞大躯体各自表现了卓越的艺术效果。

明代砖陶业之进步所产生的另一类型就是砖造发券的殿堂，如各地的“无梁殿”，乃至北京的大明门（今中华门）一类的砖券建筑就是其中的实例。这些建筑一般都用砖石琉璃做出木结构的样式。

明朝末年，随同欧洲资本家之寻找东方市场，西洋传教士到了中国，带来了西洋的自然科学、各种艺术和建筑，这对于后来的中国建筑也有一定的影响。

满清以一个文化比较落后的民族入主中国。由于他们入关以前已有相当长的期间吸收汉族的先进文化，入关时又大量利用汉奸，战争不太猛烈，许多城市和建筑没有受到过甚的破坏；例如北京这样辉煌的首都和宫殿花园，就是相当完整地被满洲统治者承继了的。故宫之中，主要建筑仅太和殿和武英殿一组受到破坏。清朝初期尚未完全征服全中国，所以像康熙年间重建太和殿，就放弃了官式用料的惯例，不用楠木而改用东北松木建造，在材料的使用上，反映了当时的军事政治局势，南方产木区还在不断反抗。

满清统治者承继了明朝统治者的全部财产，包括统治和压迫人民的整套“文物制度”。为了适应当时情况，在康熙、雍正、乾隆三朝进行了各种制度和法律之制订。在这些制度之中也包括了《工部工程做法则例》七十二卷。这虽是一部约束性的书，将清代的官造建筑在制度和样式上固定下来，但是它对于今天清代建筑的研究却是一部可贵的技术书。这书对于当时的匠师虽然有极大的约束性，但掌握在劳动人民手中的建筑技术和艺术的创造性是封建制度所约束不住的。在“工程做法”的限制下，劳动人民仍然取得无穷辉煌的变化。

史家认为满清皇朝闭关自守是封建经济停滞时代，一般地说，这也在建筑上反映出来。但在这整个停滞的时代里，它仍有它一定限度内经济比较发展的高峰和低潮。清朝建筑的高峰和一定的创造性主要表现在乾隆时代，那是满清二百六十余年间的“太平盛世”。弘历几度南巡，带来江南风格；大举营建圆明园，热河行宫，修清漪园（颐和园），在故宫内增建宁寿宫（乾隆花园），给许多艺匠名师以创造的机会。各园都有工艺精绝的建筑细部。尤其值得注意的是这时代的宫廷大量吸收了江南的民间建筑风格来建造园苑。乾隆以后，清代的建筑就比较消沉下来。即使如清末重修颐和园，也只是高潮以后一个波浪而已。

鸦片战争开始了中国的半殖民地化时代，赓续了一百零九年。在这一个世纪中，中国的经济完全依附于帝国主义资本主义，中国社会中产生了官僚资本家和买办阶级。帝国主义的外国资本家把欧洲资本主义城市的阶级对立和自由主义的混乱状态移植到中国城市中来；中国的官保买办则大盖“洋房”，以表达他们的崇洋思想，更助长了这混乱状态。侵略者是无视被侵略者的民族和文化的，中国建筑和他的传统受到了鄙视和摧残。中国知识分子建筑师之出现，在初期更助长了这趋势。“五四”以后很短的一个时期曾作过恢复中国传统和新的工程技术相结合的尝试，但在殖民地性质的反动政府的破碎支离的统治下和经济基础上没有得到，也不可能得到发展；反倒是宣传帝国主义的世界主义的各种建筑理论和流派逐渐盛行起来。以“革命”姿态出现于欧洲的这个反动的艺术理论猖狂地攻击欧洲古典建筑传统，在美国繁殖起来，迷惑了许许多多欧美建筑师，以“符合现代要求”为名，到处建造光秃秃的玻璃方盒子式建筑。中国的建筑界也曾堕入这个漩涡中。

中国历史中这一个波动剧烈的世纪，也反映在我们的建筑上。

总的说来，这个时期的洋房、玻璃方盒子似乎给我们带来新的工程技术，有许多房子是可以满足一定的物质需要的。但是，建筑是一个社会生活中最高度综合性的艺术。作为能满足物质和精神双重要求的建筑物来衡量这些洋式和半洋式建筑，它们是没有艺术上价值的，而且应受到批判。无可讳言的，这一百年中蔑视祖国传统，割断历史，硬搬进来的西洋各国资本主义国家的建筑形式对于祖国建筑是摧残而不是发展。历史上封建的建筑物虽已不能适应我们今天生活的新要求，但它们的优良传统，艺术造形上的成就却仍是我们新创造的最可宝贵的源泉。而殖民地建筑在精神上则起过摧毁民族自信心的作用，阻碍了我们自己建筑的发展；在物质上曾是破坏摧毁我们可珍贵的建筑遗产的凶猛势力。它们仅有的一点实用性，在今天面向社会主义生活的面前，也已经很不够了。

结　论

回顾我们几千年来建筑的发展，我们看见了每一个大阶段在不同的政治、经济条件下，在新的技术、材料的进步和发明的条件下，历代的匠师都不断地有所发明，有所创造。肯定的是：各代的匠师都能运用自己的传统，加以革新，创造新的类型，来解决生活和思想意识中所提出的不相同的新问题。由于这种新的创造，每代都推动着中国的建筑不断地向前发展，取得光辉的成就。每当新的技术、新的材料出现时，古代匠师们也都能灵活自如地掌握这些新的技术和材料，使它们服从于艺术造型的要求，创造出革新的而又是从传统上发展出来的手法和风格。在这一点上，建筑历史上卓越的实例是值得我们学习的。

中国建筑的新阶段已经开始了。新的社会给新中国的建筑师提出了崭新的任务。我们新中国的建筑是为生产服务，为劳动人民服务的。建筑必须满足人民不断增长的物质和文化的需要。劳动人民得到了适用，愉快而合乎卫生的工作和居住，游息的环境，就可提高生产的量和质，就可帮助国家的社会主义改造。我们还要求新中国的建筑，作为一种艺术，必须发挥鼓舞人民前进的作用。建筑已成为全民的任务，成为国家总路线的执行中的必要工具了。

过去的匠师在当时的社会、材料、技术的局限性下尚且能为自己时代社会的需要，灵活地运用遗产，解决各式各样的问题。今天的中国所给予建筑师的条件是远远超过过去任何一个时代的。我们有中国共产党和中央人民政府的英明正确的领导，有全国人民的支持，有马克思列宁主义、毛泽东思想的思想武器，有苏联社会主义建设的先进范本，有最现代化的技术科学和材料，有无比丰富的遗产和传统。在这样优越的条件下，我们有信心创造出超越过去任何时代的建筑。

四　《中国建筑史》第六章　宋·辽·金　部分[1]

第二节　北宋宫殿苑囿寺观都市

宋太祖受周禅，仍以开封为东京，累朝建设于此，故日增月异，极称繁华，洛阳为宋西京，退处屏藩，拱卫京畿，附带繁荣而已。真宗时，虽以太祖旧藩称应天府，建为南京（今河南商丘县[2]），乃即卫城为宫，奉太祖、太宗圣像，终北宋之世，未曾建殿。其正门"犹是双门，未尝改作"。仁宗以大名府为北京，则因契丹声言南下，权为军略措置，建都河北，"示将亲征，以伐其谋"；亦非美术或经济之动态，实少所营建。

北宋政治经济文化之力量，集中于东京建设者百数十年。汴京宫室坊市繁复增盛之状，乃最代表北宋建筑发展之趋势。

东京旧为汴州，唐建中节度使重筑，周二十里许，宋初号里城，新城为周显德所筑，周四十八里许，号曰外城。宋太祖因其制，仅略广城东北隅，仿洛阳制度修大内宫殿而已。真宗以"都城之外，居民颇多，复置京新城外八厢"。神宗徽宗再缮外城，则建敌楼瓮城，又稍增广，城始周五十里余。

太宗之世，城内已"比汉唐京邑繁庶，十倍其人"；继则"甲第星罗，比

① 梁思成先生曾说《中国建筑史》是"一部集体劳动的果实"，初稿第六章宋·辽·金部分为林徽因执笔。

② 商丘县，1997 年撤销，大部分划入睢阳区，部分划入梁园区。

屋鳞次，坊无广巷，市不通骑”。迄北宋盛世，再接再厉，至于“栋宇密接，略无容隙，纵得价钱，何处买地？”其建筑之活跃，不言而喻，汴京因其水路交通，成为经济中枢，乃商业之雄邑，而建为国都者；加以政治原因，“乘舆之下，士庶走集”，其繁荣尤急促；官私建置均随环境展拓，非若隋唐两京皇帝坊市之预布计划，经纬井井者也。其特殊布置，因地理限制及逐渐改善者，后代或模仿以为定制。

汴京有穿城水道四，其上桥梁之盛，为其壮观，河街桥市，景象尤为殊异。大者蔡河，自城西南隅入，至东南隅出，有桥十一。汴河则自东水门外七里，至西水门外，共有桥十三。小者五丈河，自城东北入，有桥五，金水河从西北水门入城，夹墙遮檐入大内，灌后苑池浦，共有桥三。

桥最著者，为汴河上之州桥，正名大汉桥，正对大内御街，即范成大所谓“州桥南北是大街”者也。桥低平，不通舟船，唯西河平船可过，其下密排石柱，皆青石为之；又有石梁石笋楯栏。近桥两岸皆石壁，镌刻海马、水兽、飞云之状。“州桥之北，御路东西，两阙楼观对耸。”金元两都之周桥，盖有意仿此，为宫前制度之一。桥以结构巧异称者，为东水门外之虹桥，“无柱，以巨木虚架，饰以丹艧，宛如飞虹”。

大内本唐节度使治所，梁建都以为建昌宫，晋号大宁宫，周加营缮，皆未增大，“如王者之制”。太祖始“广皇城东北隅，……命有司画洛阳宫殿，按图修之……，皇居始壮丽。”

“宫城周五里”。南三门，正门名凡数易，至仁宗明道后，始称宣德，两侧称左掖右掖。宫城东西之门，称东华西华，北门曰拱宸。东华门北更有便门，“西与内直门相直”，成曲屈形。称谚门。此门之设及其位置，与太祖所广皇城之东北隅，或大略有关。

宣德门又称宣德楼，“下列五门，皆金钉朱漆。壁皆砖石间甃，镌镂龙凤飞云之状。……莫非雕甍画栋，峻桷层榱。覆以琉璃瓦，曲尺朵楼，朱栏彩槛。下列两阙亭相对。”自宣德门南去，“坊巷御街……约阔三百余步。两边乃御廊，旧许市人买卖其间。自政和间，官司禁止，各安立黑漆杈子，路心又安朱漆杈子两行，中心道不得人马行往。行人皆在朱杈子外。杈子内有砖石甃砌御沟水两道，尽植莲荷。近岸植桃李梨杏杂花；春夏之日，望之如绣”。宣德楼建筑极壮丽，宫前布置又改缮至此，无怪金元效法作“千步廊”之制矣。

大内正殿之大致，据史志概括所述，则“正南门（大庆门）内、正殿曰大庆，正衙曰文德。……大庆殿北有紫宸殿，视朝之前殿也。西有垂拱殿，常日视朝之所也。……次西有皇仪殿，又次西有集英殿，宴殿也，殿后有需云殿，东有升平楼，宫中现宴之所也。后宫有崇政殿，阅事之所也。殿后有景福殿，西有殿北向曰延和，便坐殿也。凡殿有门者皆随殿名。”

大庆殿本为梁之正衙，称崇元殿，在周为外朝，至宋太祖重修，改为乾元殿，后五十年间曾两被火灾，重建易名大庆。至仁宗景祐中（公元一〇三四年），始又展拓为广庭。“改为大庆殿九间，挟各五间，东西廊各六十间，有龙墀沙墀，正值朝会册尊号御此殿。……郊祀斋宿殿之后阁……”。又十余年，皇祐中“飨明堂，恭谢天地，即此殿行礼”。“仁宗御篆明堂二字行礼则揭之”。

秦汉至唐叙述大殿之略者，多举其台基之高峻为其规模之要点；独宋之史志及记述无一语及于大殿之台基，仅称大庆殿有龙墀沙墀之制。

“文德殿在大庆殿之西少次”，亦五代旧有，后唐曰端明，在周为中朝，宋初改文明。后灾重建，改名文德。“紫宸殿在大庆殿之后，少西其次又为垂拱……紫宸与垂拱之间有柱廊相通，每日视朝则御文德，所谓过殿也。东西阁门皆在殿后之两旁，月朔不御过殿，则御紫宸，所谓入阁也”。文德殿之位置实堪注意。盖据各种记载广德、紫宸、垂拱三殿成东西约略横列之一组，文德既为“过殿”居其中轴，反不处于大庆殿之正中线上，而在其西北偏也。宋殿之区布情况，即此四大殿论之，似已非绝对均称或设立一主要南北中心线者。

初，太祖营治宫殿“既成，帝坐万岁殿（福宁殿在垂拱后，国初曰万岁），洞开诸门，端直如绳，叹曰：‘此如吾心，小有私曲人皆见之矣’”。对于中线引直似极感兴味。又“命怀义等凡诸门与殿顶相望。无得辄差。故垂栱，福宁，柔仪，清居四殿正重，而左右掖与左右升龙银台等诸门皆然”。福宁为帝之正寝，柔仪为其后殿，乃后寝，故垂栱之南北中心线，颇为重要。大庆殿之前为大庆门，其后为紫宸殿，再后，越东华西华横街之北，则有崇政殿，再后更有景福殿，实亦有南北中线之成立，唯各大殿东西部位零落，相距颇远，多与日后发展之便。如皇仪在垂栱之西，集英宴殿自成一组，又在皇仪之西，似皆非有密切关系者，故福宁之两侧后又建置太后宫，如庆寺宝慈，而无困难，而柔仪之西，日后又有睿思殿等。

崇政初为太祖之简贤讲武，“有柱廊，次北为景福殿，临放生池”，规模甚壮。太宗真宗仁宗及神宗之世，均试进士于此，后增置东西两阁，时设讲读，诸帝日常“观阵图，或对藩夷，及宴近臣，赐花作乐于此”，盖为宫后宏壮而又实用之常御正殿，非唯“阅事之所”而已。

宋宫城以内称宫者，初有庆圣及延福，均在后苑，为真宗奉道教所置。广圣宫供奉道家神像，后示奉真宗神御，内有五殿，一阁曰降真，延福宫内有三殿，其中灵顾殿，亦为奉真宗圣容之所。真宗咸平中，“宰臣等言：汉制帝母所居称宫，如长乐积庆……等，请命有司为皇太后李建宫立名。……诏以滋福殿（即皇仪）为万安宫”。母后之宫自此始，英宗以曹太后所居为慈寿宫，至神宗时曹为太皇太后，故改名庆寿（在福宁殿东）；又为高太后建宝慈宫（在福宁西）等皆是也。母后所居既尊为宫，内立两殿，或三殿，与宋以前所谓“宫”者规模大异。此外又有太子所居，至即帝位时改名称宫，如英宗之庆宁宫，神宗之睿成宫皆是。

初，宋内廷藏书之所最壮丽者为太宗所置崇文院三馆，及其中秘阁，收藏天下图籍，“栋宇之制皆帝亲授”，后苑又有太清楼，尤在崇政殿西北，楼“与延春仪凤翔鸾诸阁相接，贮四库书”。真宗常“曲宴后苑临水阁垂钓，又登太清楼，观太宗圣制御书，及亲为四库群书，宴太清楼下。”作诗赐射赏花钓鱼等均在此，及祥符中，真宗“以龙图阁奉大宗御制文集及典籍，图画，宝瑞之物，并置待制学士官，自是每帝置一阁”。天章宝文两阁（在龙图后集英殿西）为真仁两帝时所自命以藏御集，神宗之显谟阁，哲宗之徽猷阁，皆后追建。唯太祖英宗无集不为阁。徽宗御笔则藏敷文阁。是所谓宋“文阁”者也。每阁东西序皆有殿，龙图阁四序曰资政崇和宣德述古，天章阁两序曰群玉蕊珠；宝文阁两序曰嘉德延康。内庭风雅，以此为最，有宋珍视图书翰墨之风，历朝不改，至徽宗世乃臻极盛。宋代精神实多无形寓此类建筑之上。

后苑禁中诸殿，龙图等阁，及太后各宫，无在崇政殿之东者。唯太子读书之资善堂在元符观，居宫之东北隅，盖宫东部为百司供应之所，如六尚局，御厨殿等及禁卫辇官亲从等所在。东华门及宫城供应入口；其外“市井最盛，盖禁中买卖所在”。

所谓外诸司，供应一切燃料、食料、器具、车驾及百物之司，虽散处宫城外，亦仍在旧城外城之东部。盖此以五丈河入城及汴蔡两河出城处两岸为依据。粮仓均沿河而设，由东水门外虹桥至陈州门里，及在五丈河上者，可五十余处。东京宫城以内布置，乃不免受汴梁全城交通趋势之影响。后苑部署偏于宫之西北者，亦缘于“金水河由西北水门入大内，灌其池浦”，地理上之便利也。

考宋诸帝土木之功，国初太祖朝（公元九六〇—九七六年）建设未尝求奢，而多豪壮，或因周庙之制，宋初视为当然，故每有建置，动辄数百间。如太祖诏“于右掖门街临汴水起大第五百间”。以赐蜀主孟昶；又于“朱雀门外建大第甲于辇下，名礼贤宅，以待钱俶”，及“开宝寺重起缭廊，朵殿凡二百八十区”，皆为豪举壮观。及太宗世（公元九七六—九九七年），规模愈大。以其降生地建启圣院，“六年而功毕，殿宇凡九百余间，皆以琉璃瓦覆之”。又建上清太平宫：“宫成，总千二百四十二区”，实启北宋崇奉道教侈置宫殿之端。其它如崇文院，三馆，秘阁之建筑，“轮奂壮丽，冠乎内庭，近世鲜比”。“端拱中，开宝寺造塔八角十三层，高三百六十尺。”塔成，田锡上疏曰:“众谓金碧荧煌，臣以为涂膏衅血，帝亦不怒”。画家郭忠恕，巧匠喻皓，皆当时建筑人材，超绝流辈者也。

真宗朝（公元九九七——〇二二年）愈崇道教，趋祥异之说，盛礼缛仪，费金最多。作玉清照应宫“凡二千六百一十楹，以丁谓为修宫使，调诸州工匠为之，七年而成”。不仅工程浩大，乃尤重巧丽制作。所用木石彩色颜料均四方精选。殿宇外有山池亭阁之设，环殿及廊庑皆遍绘壁画。艺术之精，冠于北宋历朝宫观。殿上梁曰“上皆亲临护，……工人以文缯裹梁，金饰木，寓龙负之辂以升。……修宫使以下及营缮掌事者，咸赐以衣带金帛”。此宫兴作之严重，实为特殊，此后真宗其它建置莫能及，但南熏门外奉五岳之会灵观，及大内南，奉圣祖之景灵宫（宫之南壁绘赵氏事迹二十八事）则皆制度华美，均以丁谓董其事。京师以外，宫观亦多宏大，且诏天下州府，皆建道观一所，即以天庆为名。

仁宗之世（公元一〇二三——〇六三年），夏始自大，屡年构兵，国用枯竭，土木之事仍不稍衰，但多务重修。明道元年（公元一〇三二年），修文德殿成，宫中又大火，延烧八殿，皆大内主要，如紫宸，垂栱，福宁，集英，延和等殿。“乃命宰相吕夷简为修葺大内使，发四路工匠给役，又出内库乘舆物及缗钱二十万助其费。”先此两年（天圣八年），玉清照应宫因雷雨灾，时帝幼，太后垂帘泣告辅臣，众恐有再葺意，力言“先朝以此竭天下之力，遽为灰烬，非出人意；如因其所存，又复修葺，则民不堪命。……”于是宫不复修，仅葺两殿。二十五年后（至和中），始又增缮两殿，改名万寿观，仁宗末季，多修葺增建，现存之开封琉璃塔，即其中之一。名臣迭上疏乞罢修寺观。欧阳修上疏《上仁宗论京师土木劳费》中云:“开先殿初因两条柱损，今所用材植物料共一万七千五有零。又有睦亲宅，神御殿，……醴泉观……等处物料不可悉数，……军营库务合行修造者百余处。……使厚地不生它物，唯产木材，亦不能供此广费。”又云:“……累年火灾，自玉清照应，洞真、上清、鸿庆、祥源、会灵七宫，开宝、兴国两寺塔殿，并皆焚烧荡尽，足见天厌土木之华侈，为陛下惜国力民财……”。终仁宗朝，四十年间，焚毁旧建，与重修劳费，适成国家双重之痛也。

英宗在位仅四年（公元一〇六四——一〇六七年），土木之事已于司马光《乞停寝京城不急修造》之疏中见其端倪。盖是时宫室之修造，非为帝王一己之意，臣下有司固不时以土木之宏丽取悦上心。人君之侧，实多如温公所言，“外以希旨求知，内以营私规利”之人也。

神宗（公元一〇六七——一〇八五年）行新政，富改革精神以强国富民为目的，故“宫室弗营，池籞苟完，而府寺是崇”。所作盖多衙署之建置：如东西两府御史台、太学等皆是也。元丰中，缮葺城垣，浚治壕堑，亦皆市政之事。又因各帝御容散寓宫中，及宫外诸寺观，未合礼制，故创各帝原庙之制。建六殿于景宁宫内，以奉祖宗像，又别为三殿以奉母后。熙宁中，从司天监之奏，请建中太一宫，但仅就五岳观旧址为之。遵故事“太一”行五宫，四十五年一易，“行度所至，国民受其福”，实不得不从民意。太宗建东太一宫四十五年，至仁宗天圣建西太一宫，至是又四十五年也。

哲宗（公元一〇八六——一一〇〇年）制作多承神宗之训，完成御史台其一也。又于禁中神宗睿思殿后建宣和殿。末年则建景宁西宫于驰道西，亦如神宗所创原庙制度，及崩，徽宗即位续成之。宫期年完工，以神宗原庙为首，哲宗次之。哲宗即位之初，宣仁太后垂帘，时上清太平宫已久毁于火，后重建，称上清储祥宫，以内庭物及金六千两成之。苏轼承旨撰碑。碑云“雄丽靓深，凡七百余间”，宫之规模虽不如太宗时，当尚可观。

迨徽宗立（公元一一〇一——一一二五年），以天纵艺资，入绍大统，其好奢丽之习，出自天性。且奸邪盈朝，掊剥横赋，倡丰亨豫大之说，故尤侈为营建。崇宁大观以还，大内朝寝均丽若琼瑶，宫苑殿阁又增于昔矣。其著者如“政和三年辟延福新宫于大内之北拱宸门外；悉移其地供应诸库，及两僧寺，两军营，而作焉”。宫共五位，分任五人，各为制度，不务沿袭。其殿阁亭台园苑之制，已为艮岳前驱，“叠石为山，凿池为海，作石梁以升山亭，筑土冈以植杏林，又为茅亭鹤庄之属"，以仿天然。此后作撷芳园，"称延福第六位，跨城之外，西自天波门东过景龙门，至封邱门"，实沿金水可横贯旧城北面之全部。"名景龙江，绝岸至龙德宫，皆奇花珍木，殿宇比比对峙"。又作上清宝箓宫，"密连禁署，内列亭台馆舍，不可胜计。……开景龙门，城上作复道通宫内，……徽宗数从复道往来"。其它如作神霄玉清万寿宫于禁中，又铸九鼎，置九成宫于五岳观后。政和以后，年年营建，皆工程浩大，缀饰繁缛之作。及造艮岳万寿山，驱役万夫，大兴土木；五六年间，穷索珍奇，纲运花石；尽天下之巧工绝技，以营假山，池沼，至于山周十余里，峰高九十步；怪石崭崖，洞峡溪涧，巧牟造化；而亭台馆阁，日增月益，不可殚记；其部署缔构颇越乎常轨，非建筑壮健之姿态，实失艺术真旨。时金已亡辽，宋人纳岁币于金，引狼入室，宫庭犹营建不已，后世目艮岳为亡国之孽，固非无因也。

宋初宫苑已非秦汉游猎时代林囿之规模，即与盛唐离宫园馆相较亦大不相同。北宋百余年间，御苑作风渐趋绮丽纤巧。尤以徽宗宣政以后所辟诸苑为甚。玉津园，太祖之世习射观稼而已，乾德初，置琼林苑，太宗凿金明池于苑北，于是各朝每岁驾幸观楼船水嬉，赐群臣宴射于此。后苑池名象瀛山，殿阁临水，云屋连簃，诸帝常规御书，流杯泛觞游宴于玉宸等殿。"太宗雍熙三年，后常以暮春召近臣赏花钓鱼于苑中"。"命群臣赋诗赏花曲宴自此始。"

金明池布置情状，政和以后所纪，当经徽宗增置展拓而成。"地在顺天门街北，周围约九里三十步，池东西径七里许。入池门内南岸西去百余步，有西北临水殿。……又西去数百步乃仙桥，南北约数百步；桥面三虹，朱漆栏楯，下排雁柱，中央隆起，谓之骆驼虹，若飞虹之状。桥尽处五殿正在池之中心，四岸石甃向背大殿，中坐各设御幄。……殿上下回廊。……桥之南立棂星门，门里对立彩楼。……门相对街南有砖石瓷砌高台，上有楼，观骑射百戏于此……"规制之绮丽窈窕与宋画中楼阁廊庑最为迫肖。

徽宗之延福撷芳及艮岳万寿山布置又大异，朱勔，蔡攸辈穷搜太湖灵壁等地花石以实之，“宣和五年，朱勔于太湖取石，高广数丈，载以大舟，挽以千夫，凿河断桥，毁堰坼闸，数月乃至。”盖所着重者及峰峦崖壑之缔构；珍禽奇石，环花异木之积累；以人工造天然山水之奇巧，然后以楼阁点缀其间。作风又不同于琼林苑金明池等矣。叠山之风，至南宋乃盛行于江南私园，迄元明清不稍衰。

真仁以后，殖货致富者愈众，巨量交易出入京师，官方管理之设备及民间商业之建筑，皆因之侈大。公卿商贾拥有资产者之园圃第宅，皆争尚靡丽，京师每岁所需木材之夥，使官民由各路市木不已，且有以此居积取利者，营造之盛实普遍民间。

市街店楼之各种建筑，因汴京之富，乃登峰造极。商业区如“潘楼街……南通一巷，谓之界身，并是金银彩帛交易之所；屋宇雄壮，门面广阔，望之森然”。娱乐场如所谓“瓦子”，“其中大小勾栏五十余座，……中瓦莲花棚牡丹棚；里瓦夜叉棚，象棚；最大者可容数千人”。酒店则“凡京师酒店门首皆缚彩楼欢门。……入门一直主廊，约百余步，南北天井，两廊皆小阁子，向晚灯烛荧煌，上下相映。……白矾楼后改丰乐楼，宣和间更修三层相高，五楼相向，各有飞桥栏槛，明暗相通”。其它店面如“马行街南北十几里，夹道药肆，盖多国医，咸巨富。……上元夜烧灯，尤壮观”。

住宅则仁宗景祐中已是“士民之族，罔遵矩度，争尚纷华。……室屋宏丽，交穷土木之工”。“宗戚贵臣之家，第宅园圃，服饰器用，往往穷天下之珍怪……以豪华相尚，以俭陋相訾。”

市政上特种设备，如“望大楼……于高处砖砌，……楼上有人卓望，下有官屋数间，屯驻军兵百余人，及储藏救火用具。每坊巷三百步设有军巡铺屋一所，容铺兵五人”。新城战棚皆“旦暮修整”。“城里牙道各植榆柳，每二百步置一防城库，贮守御之器，有广固兵士二十指挥，每日修造泥饰。”

工艺所在，则有绫锦院，筑院，栽造院，官窑等等之产生。工商影响所及，虽远至蜀中锦官城，如神宗元丰六年，亦“作锦院于府治之东。……创楼于前，以为积藏待发之所。……织室吏舍出纳之府，为屋百一十七间，而后足居”。

有宋一代，宫庭多崇奉道教，故宫观景盛，对佛寺惟禀续唐风，仍其既成势力，不时修建。汴京梵刹多唐之旧，及宋增修改名者。太祖开宝三年，改唐封禅寺为开宝寺，“重起缭廊朵殿凡二百八十区。太宗端栱中建塔，极其伟丽”。塔八角十三层，乃木工喻皓所作，后真宗赐名灵感，至仁宗庆历四年塔毁乃于其东上方院建铁色琉璃砖塔，亦为八角十三层，俗称铁塔，至今犹存，为开封古迹之一。又加开宝二年诏重建唐龙兴寺，太宗赐额太平兴国寺。天清寺则周世宗创建于陈州门里繁台之上，塔曰兴慈塔，俗名繁塔，太宗重建。明初重建，削塔之顶，仅留三级，今日俗称婆塔者是。宝相寺亦五代创建，内有弥勒大像，五百罗汉塑像，元末始为兵毁。

规模最宏者为相国寺，寺建于北齐天保中，唐睿宗景云二年（公元七一一年）改为相国寺；玄宗天宝四年（公元七四五年）建资圣阁；宋至道二年（公元九九六年）敕建三门，制楼其上，赐额大相国寺。曹翰曾夺庐山东林寺五百罗汉北归，诏置寺中。当时寺“乃瓦市也，僧房散处，而中庭两庑可容万余人，凡商旅交易皆萃其中。四方趋京师以货物求售转售它物者，必由于此”。实为东京最大之商场。寺内“有两琉璃塔，……东西塔院。大殿两廊皆国相名公笔迹，左壁画炽盛光佛降九曜鬼百戏。右壁佛降鬼子母，建立殿庭，供献乐部马队之类。大殿朵廊皆壁隐楼殿人物，莫非精妙”。

京外名刹当首推正定府龙兴寺。寺隋开皇创建，初为龙藏寺，宋开宝四年，于原有讲殿之后建大悲阁，内铸铜观音像，高与阁等。宋太祖曾幸之，像至今屹立，阁已残破不堪修葺，其周围廊庑塑壁，虽仅余鳞爪，尚有可观者。寺中宋构如摩尼殿，慈氏阁，转轮藏等，亦幸存至今。

北宋道观，始于太祖，改周之大清观为建隆观，亦诏以扬州行宫为建隆观。太宗建上清太平宫，规模始大。真宗尤溺于符谶之说，营建最多，尤侈丽无比。大中祥符元年，即建隆观增建为玉清照应宫，凡役工日三四万。“初议营宫料工须十五年，修宫使丁谓令以夜续昼，每画一壁给二烛，故七年而成。……制度宏丽，屋宇稍不中程式，虽金碧已具，刘承珪必令毁而更造”。又诏天下遍置天庆观，迄于徽宗，惑于道士林灵素等，作上请宝箓宫。亦诏“天下洞天福地，修建宫观，塑造圣像”。宣和元年，竟诏天下更寺院为宫观，次年始复寺院额。

洛阳宋为西京，山陵在焉。“开宝初，遣王仁珪等修洛阳宫室，太祖至洛，睹其壮丽，王等并进秩。……太祖生于洛阳，乐其土风，常有迁都之意”，臣下谏而未果。宫城周九里有奇，城南三门，中曰五凤楼，伟丽之建筑也。东西北各有一门。曰苍龙，曰金虎，曰拱宸。正殿曰太极殿，前有左右龙尾道及日楼月楼。“宫室合九千九百九十余区”，规模可称宏壮。皇城周十八里有奇，各门与宫城东西诸门相直，内则诸司处之。京城周五十二里余，尤大于汴京。神宗曾诏修西京大内。徽宗政和元年至六年间之重修，预为谒陵西幸之备，规模尤大。“以真漆为饰，工役甚大，为费不资。”至于洛阳园林之盛，几与汴京相伯仲。重臣致仕，往往径第西洛。自富郑公至吕文穆等十九园。其馆榭池台配造之巧，亦可见当时洛阳经营之劳，与财力之盛也。

徽宗崇宁二年（公元一一〇三年），李诫作营造法式，其中所定建筑规制，较与宋辽早期手法，已迥然不同。盖宋初禀承唐末五代作风，结构犹硕健质朴。太宗太平兴国（公元九七六年）以后，至徽宗即位之初（公元一一〇一年），百余年间，营建旺盛，木造规制已迅速变更；崇宁所定，多去前之硕大，易以纤靡，其趋势乃刻意修饰而不重魁伟矣。徽宗末季，政和迄宣和间，锐意制作，所本风格，尤尚绮丽，正为实施营造法式之时期，现存山西榆次大中祥符元年（公元一〇〇八年）之永寿寺雨华宫，与太原天圣间（公元一〇二三—一〇三一年）之晋祠等，结构秀整犹带雄劲，骨干虽已无唐制之硕建庞大，细部犹未有崇宁法式之繁琐纤弱，可称其为北宋中坚之典型风格也。

第三节　辽之都市及宫殿

契丹之初为东北部落，游牧射生，以给日用，故“草居野处靡有定所”。至辽太祖耶律阿保机并东西奚，统一本族八部，国势始张。其汉化创业之始，用幽州人韩延徽等，“营都邑，建言殿，法度井井”，中原所为者悉备。迨援立石晋，太宗耶律德光得晋所献燕云十六州，改元会同（公元九三八年），建号称辽，诏以皇都临潢府（今热河林西县[①]）为上京，升幽州为南京，定辽阳为东京。辽势力从此侵入云朔幽蓟（今山西、河北北部）。危患北宋，百数十年。圣宗统和二十五年（公元一〇〇七年）即宋真宗大中祥符之初，以大定府为中京（今热河朝阳平泉，赤峰等县地[②]），又三十余年至兴宗重熙十三年（公元一〇四四年），更以大同府为西京，于是五京备焉。

辽东为汉旧郡，渤海人居之，奚与渤海皆深受唐风之熏染，契丹部落之崛起与五代为同时，耶律氏实宗唐末边疆之文化，同化于汉族，进而承袭中原北首州县文物制度之雄者也。契丹本富于盐铁之列，其初有“回国使”往来贩易，鬻其牛羊，毳，罽，驰马，皮革，金珠，药材等以市他国货物，其后辽更与北宋、西夏、高丽、女真诸国沿边所在，共置榷场市易，商业甚形发达，都市因此繁盛。其都市街隅，“有楼对峙，下连市肆”。其中“邑屋市肆有绫锦之作，宦者，伎术，教坊，角抵，儒僧尼道皆中国人，并汾幽蓟为多”。辽世重佛教，营僧寺，刊经藏，不遗余力，尝“择良工于燕蓟”。凡宫殿佛寺主要建筑，实均与北宋相同。益两者均上承唐制，继五代之余，下启金元之中国传统木构也。

太祖于神册三年（公元九一八年）治城临潢，名曰皇都；二十一年后，至太宗，改称上京。太祖建元神册之前，所居之地曾称西楼。“阿保机以其所

① 热河为旧省名。林西县现归内蒙古自治区赤峰市管辖。

② 朝阳市现归辽宁省管辖；平泉县现归河北省承德市管辖；赤峰市现归内蒙古自治区管辖。

为上京，起楼其间，号西楼，又于其东……起东楼，北……起北楼，南木叶山起南楼，往来射猎四楼之间。”盖阿保机自立之始，创建明王楼。初未筑成，其都亦未有名称。如“以所获僧……五十人归西楼，建天雄寺以居之”。“其党神速姑复劫西楼，焚明王楼”，“壬戌上发自西楼”等。“契丹好鬼贵日，朔旦东向而拜日，其大会聚视国事，皆以东向为尊，四楼门屋皆东向。”岂西楼时期，契丹营建乃保有汉，魏，盛唐建楼之古风；而又保留其部族东向为尊之特征欤？

辽建“殿”之事，始于太祖八年冬，建开皇殿于明王楼基，早于城皇都约四年，其方向如何，今无考。“天显元年，平渤海归，乃展郛郭，建宫室，名之以天赞。起三大殿曰：开皇，安德，五銮。中有历代帝王御容，”制度似略改。迨晋遣使上尊号，太宗“诏番部，并依汉制御开皇殿，辟承天门受礼，改皇都为上京”。以后开皇五銮及宣政殿皆数见于太宗纪。

上京“城高二丈，……幅员二十七里。……其北谓之皇城，……中有大内。……大内南门曰承天；有楼阁，……东华西华。……通内出入之所”。城正南街两侧为各司衙寺观国子监，孔子庙及二仓。天雄寺与八作司相对，均在大内南。“南城谓之汉城；南当横街，各有楼对峙，下列井肆。”市容整备，其形制已无所异于汉族。然至圣宗开泰五年，距此时已八十年，宋人记云“承天门内有昭德宣政二殿，与毡庐皆东向”。然则辽上京制度，殆始终留有其部族特殊尊东向之风俗。

辽阳之大部建设为辽以前渤海大氏所遗，而大氏又本唐之旧郡，“拟建宫阙”。辽初以为东丹王国，葺其城，后升为南京，又改东京。“幅员三十里，共八门，……宫城在城东北隅……南为三门，壮以楼观。四隅有角楼，相去各二里。宫墙北有让国皇帝御容殿，大内建二殿。……外城谓之汉城，分南北市，中为看楼，……街西有金德寺，大悲寺。驸马寺铁幡竿在焉”。

辽南京古冀州地，唐属幽州范阳郡；唐末刘仁恭尝据以僭帝号。石晋时地入于辽。太宗立为南京，又曰燕京，是为北京奠都之始。城有八门，其四至广阔，虽屡经史家考证，仍久惑后人。地理志称“方三十六里”，其它或称二十五里及二十七里者。或言三十六里“乃并大内计度”者，其说不一。但燕城令人注意者，乃其基址与今日北京城阙之关系。其址盖在今北京宣武门迤西，越右安广宁门郊外之地。金之中都承其旧城而展拓之，非元明清建都之北京城也。今其址之北面有旧城及会城门村等可考。其东南隅有古之悯忠寺（今之法源寺）可考，而今郊外之“鹅房营，有土城角，作曲尺式，幸存未铲；有豁口俗呼凤凰嘴，当因辽城丹凤门得名”，乃燕城之西南隅也。今日北京南城著名之海王村琉璃厂等皆在燕城东壁之外。

辽太宗升幽州为南京，初无迁都之举，故不经意于营建，即以幽州子城为大内，位于大城之西南隅；宫殿门楼一仍其旧，幽州经安史之徒，暨刘仁恭父子割据僭号，已有所设施，如拱宸门元和殿等，太宗入时均已有之。太宗但于西城巅诏建一“凉殿”，特书于本纪，岂仍循其“西楼”遗意者耶？

南京初虽仍幽州之旧，未事张皇改建，但至“景宗保宁五年，春正月，御五凤楼观灯”，及“圣宗开泰驻跸，宴于内果园”之时，当已有若干增置，“六街灯火如昼，士庶嬉游，上亦微行观之”，其时市坊繁盛之概，约略可见。及兴宗重熙五年（公元一〇三六年）始诏修南京宫阙府署，辽宫廷土木之功虽不侈，固亦慎重其事，佛寺浮图则多雄伟。迨金世宗二十八年（公元一一八八年）距此时已百五十余年，而金主尚谓其宰臣曰：“宫殿制度苟务华饰，必不坚固。今仁政殿，辽时所建，全无华饰，但其它处岁岁修完，惟此殿如旧。以此见虚华无实者不能经久也。”辽代建筑类北宋初期形制，以雄朴为主，结构完固，不尚华饰，证之文献实物，均可征信。今日山西大同应县所幸存之重熙清宁等辽建，实为海内遗物之尤足珍贵者也。

第四节　金之都市宫殿佛寺

金之先，出靺鞨，古之肃慎也。唐初，其黑水一部曾附高丽，其后渤海强盛，契丹又取渤海地，乃附属于契丹。其在南者号熟女真，在北者不在契丹族，号生女真。金太祖之先，已统一部落，修弓矢，备器械，日臻强盛，不受辽籍。至太祖败辽兵，招渤海，乃建号称大金。收国元年（公元一一一五年），更节节进攻。数年之间，尽得辽旧地，进逼宋境。

金建会宁府为上京，“初无城郭，星散而居，呼曰皇帝寨，国相寨，太子寨”，当尚为部落帐幕时期。及“升皇帝寨为会宁府，城邑宫室，无异于中原州县廨宇。制度极草创，居民往来，车马杂遝，……略无禁制。……春击土牛，父老士庶皆聚观于殿侧”。至熙宗皇统六年（公元一一四六年），始设五路工匠，撤而新之，规模虽仿汴京，然仅得十之二三而已”。宣和六年（公元一一二四年），宋使贺金太宗登位时，所见之上京，则“去北庭十里，一望平原旷野间，有居民千余家，近阙北有阜园，绕三数顷，高丈余，云皇城也。山棚之左曰桃园洞，右曰紫微洞，中作大牌曰翠微宫，高五七丈，建殿七栋甚壮，榜额曰乾元殿，阶高四尺，土坛方阔数丈，名龙墀”，类一道观所改，亦非中原州县制度。其初即此乾元殿亦不常用。“女真之初无城郭，国主屋舍车马……与其下无异，……所独享者惟一殿名曰乾元。所居四处栽柳以作禁宫而已。殿宇绕壁尽置火炕，平居无事则锁之，或时开钥，则与臣下坐于炕，后妃躬侍饮食。”

金初部落色彩浓厚，汉化成分甚微，破辽之时劫夺俘虏；徙辽豪族子女部曲人民，又括其金帛牧马，分赐将帅诸军。燕京经此洗劫，仅余空城。既破坏辽之建设，更进而滋扰宋土，初索岁币银绢，以燕京及涿易檀顺景蓟六州归宋。既盟复悔。乃破太原真定，兵临汴京城下，掳徽钦二帝北去。所经城邑荡毁，老幼流离鲜能恢复。至征江淮诸州，焚毁屠城，所为愈酷。终金太宗之世，上京会宁草创，宫室简陋，未曾着意土木之事，首都若此，他可想见。

金以武力与中原文物接触，十余年后亦步辽之后尘，得汉人辅翼，反受影响，乃逐渐摹仿中原。至熙宗继位，稍崇仪制，亲祭孔子庙，诏封衍圣公等。即位之初（公元一一三五年），建天开殿于爻剌，此后时幸，若行宫焉。上京则于天眷元年（公元一一三八年）四月，“命少府监……营建宫室”，虽云“止从俭素”，“十二月宫成”，为时过促，恐非工程全部。此后有“明德宫享太宗御容于此，太后所居”；“五云楼及重明等殿成”；又有太庙，社稷等建置。皇统六年，以“会宁府太狭，才如郡制，……设五路工匠，撤而新之”。天眷皇统间，北方干戈稍息，州郡亦略有增修之迹，遗物中多有天眷年号者。

自海陵王弑熙宗自立，迄其入汴南征，以暴戾遇刺，为时仅十二年，金之最大建筑活动即在此天德至正隆之时（公元一一四九——一一六一年）。

海陵既跋扈狂躁，对于营建惟求侈丽，不殚工费，或“赐工匠及役夫帛”，或“杖提举营造官”，所为皆任性。天德三年，“诏广燕城，建宫室，按图兴修，规模宏大”。贞元元年，迁入燕京，“称中都，以迁都诏中外”。以宋之汴京为南京，大定为北京，辽阳为东京，大同为西京。乃迎太后居中都寿康宫；增妃嫔以实后宫，临常武殿击鞠，登宝昌门观角抵，御宣华门观迎佛；赐诸寺僧绢。园苑则有瑶池殿之成，御宴已有泰和殿之称，生活与其营建皆息息相关。又以大房山云峰寺为山陵，建行宫其麓。正隆元年，奉迁金始祖以下梓宫葬山陵，翌年，“命会宁府毁旧宫殿，诸大族第宅，及储庆寺，仍夷其址，而耕种之”。削上京号，“称为国中者，以违制论”。既而慕汴京风土，急于巡幸，于正隆四年（公元一一五九年），复诏营建宫室于南京。

汴京烽燧之余，蹂躏烬毁，至是侈其营缮，仍宋之旧，勉力恢复。“宫殿运一木之费至二千万，牵一车之力至五百人；宫殿之饰，遍傅黄金，而后间以五采。……一殿之费以亿万计；成而复毁，务极华丽。”但海陵虽崇饰宫阙，民间固荒残自若。“新城内大抵皆墟，至有犁为田处。四望时见楼阁峥嵘，皆旧宫观寺宇，无不颓毁”。各刹若大相国寺亦“倾檐缺吻，无复旧观”。汴都此时已失其政治经济地位，绝无繁荣之可能。

中都宫殿营建既毕，又增高燕城，辟其四面十二门，广辽旧城之东壁约三里，世宗以后均都于此，与宋剖分疆宇，升平殷富将五十余载，始遭北人兵燹，其间各朝尚多增置，朝市寺观日臻繁盛。

初海陵丞相张浩等，“取真定材木营建宫室及凉位十六”，制度实多取法汴京。皇城周回“九里三十步”，则几倍于汴之皇城，而与洛阳相埒。自内城南门天津桥北之宣阳门至应天楼，东西千步廊各二百余间，中间驰道宏阔，两旁植柳。有东西横街三道，通左右民居及太庙三省六部。宣阳门以金钉绘龙凤，“上有重楼，制度宏大，三门并立，中门常不开，惟车驾出入”；应天门初名通天门，“高八丈，朱门五，饰以金钉”；宫阙门户皆用青琉璃瓦，两旁相去里许为左右掖门。内城四角皆有垛楼。宣华，玉华，拱宸各门均“金碧翚飞，规制宏丽”。

“内殿凡九重，殿三十有六，楼阁倍之”。其正朝曰大安殿，东西亦皆有廊庑。东北为母后寿康宫及太子东宫（初称隆庆）。大安殿后宣明门内为仁政殿，乃常朝之所。殿则为辽故物，其朵殿为两高楼，称东西上阁门。“西出玉华门则为同乐园，若瑶池、蓬瀛、柳庄、杏村在焉”，宫中十六位妃嫔所居略在正殿之西；宴殿如泰和神龙等均近鱼藻池，后苑亦偏宫西，一若汴京。辽时本有楼阁球场在右掖门南，经金营建，乃有常武殿等为击球习射之所。太庙标名衍庆之宫，在千步廊东。金庭规制堂皇，仪卫华整，宋使范成大，虽云“前后殿屋崛起甚多，制度不经”，但亦称其“工巧无遗力”。

中都外城布置，尤为特异。金初灭辽，粘罕有志都燕，为百年计，“因辽人宫阙于内城外筑四城，每城各三里，前后各一门，楼橹池堑，一如边城。……穿复道与内城通”。海陵定都，欲撤其城而止，故终金之世未毁。世宗之立，由于劝进，颇以省约为务，在位二十九年，始终以大定为年号，世称大定之治。即位之初，中都已宏丽，不欲扰民，故少所增建。元年（公元一一六一年）入中都，“诏凡宫殿张设，毋得增置”。三年又敕有司“宫中张设，毋得涂金”，有诏修辽东边堡，颇重守御政策，即位数年，与宋讲好，国内承平，土木之功渐举，重修灾后泰和神龙宴殿，六年幸大同华严寺，观故辽诸帝铜像，诏主僧谨视；有护古物之意。大定七年，建社稷坛；十四年，增建衍庆宫，图画功臣于左右庑，如宋制。十九年，建京城北离宫，宫始称大宁（后改寿宁，寿安），即明昌后之万宁宫，章宗李妃“妆台”所在。瑶光台，琼华岛始终为明清宫苑胜地，今日北京北海团城及琼华塔所在也。二十一年。复修会宁宫殿，以甓束其城。二十六年，曾自言“朕尝自思岂能无过，所患过而不改。……省朕之过，颇喜兴土木之工，自今不复作矣”。二十八年盛誉辽之仁政殿之不尚虚华，而能经久，叹曰：“今土木之工，灭裂尤甚，下则吏与工匠相结为奸，侵克工物；上则户工部官支钱，度材，惟务苛办；至有工役才华，随即欹漏者；……劳民费财，莫甚于此。自今体究，重抵以罪。”海陵专事虚华，急于营建，且辽宋劫后，匠师星散，金时构造之工已逊前代巨构甚远，世宗固已知之。

大定之后，惟章宗之世（公元一一九〇——二〇八年），略有营造，大者如卢沟石桥，增修曲阜孔庙，重修大同善化寺佛像，及重修登封中岳庙等普遍修缮之活动。赵州小石桥至今仍存，亦为明昌原物。至于中都宫苑之间，章宗建置多为游幸娱乐之所。常幸南园玉泉山，香山。北苑万宁宫尤多增设。瑶光殿之作，后世称章宗李妃妆台。琼华阁及绛绡翠霄两殿，亦为大定后所增。“宸妃郑氏又尝见白石，爱而辇归，筑崖洞于芳华阁，用工二万，牛马七百”，贻内侍余琬以艮岳亡国之讽。章宗末季，南与宋战，北御元军，十年之间，边事愈频，承安之后，已非营建时代。卫绍王继位，政乱兵败，中都被围，“城中乏薪，拆绛绡殿，翠霄殿，琼华阁材分给四城”。距燕京城破之时（公元一二一五年）已不及三年，卫绍王废，宣宗立，中都危殆，金室乃仓皇南迁。都汴之后，修城葺库，一切从简，无所谓建设。及元代之朝，日臻隆盛，金之北方疆土尽失，复南下入宋，以图自存。迄于金亡，二十年间，中原中部重遭争夺，城邑多成戎烬之余，宋辽金三朝文物得以幸存至今者难矣。幸辽金素重佛法，寺院多有田产自给，易朝之际，虽遭兵燹，寺之大者，尚有局部恢复，而得后代之资助增建者。今日辽宁，河北，山西佛寺殿堂及浮图，每有辽金雄大原构渗与其中，已是我国建筑遗产重要之一部。

第五节　南宋之临安

靖康变作，二帝被掳，高宗即位于南京（应天府），改元建炎（公元一一二七年，适为金太宗天会五年），迄宋幼帝昺蹈海死（公元一二七九年），为时一世纪有半，是为南宋；后金之亡约四十余年。

建炎三年，金兵愈逞，高宗驻跸杭州，以州治为行宫，下诏罪己，自无心于宫室之营建。且适当金人破徐州，焚扬州，宋虽改江宁为建康府，升杭州为临安府，固未遑定都。及金人再度进迫，高宗出走，如越州，奔明州，又航于海入温州。行迹无定，百司零乱。金兵亦追迹至杭州，破越明，屠潭州。游骑又至平江、常州、镇江焚掠，江南处处尚在破坏中，及韩世忠、岳飞挫金将乌珠于江中，绍兴二年，高宗始又如临安。时军事稍振，臣下颇有建议奠都建康以图恢复者。高宗犹豫，“命守臣具图经画建康行宫”，又“命漕臣即平江子城营治宫室”，而尤属意临安。绍兴五年还临安作太庙；挫岳飞北进之策，乃显然欲早定行宫，以苟宴安，绍兴八年乃定都焉。

高宗诏曰：“……朕荷祖宗之休，克绍大统，夙夜危惧不常厥居，比者巡幸建康，抚绥淮甸既已……是故复还临安，内修政事，缮治甲兵以定基业。非厌霜露之苦而图宫室之安也……”实则绍兴元年，已诏守臣修内司百间，“二年九月，南门成，诏名行宫之门；三年诏梁汝嘉创廊庑于南门之内”，四年八月，知临安府，梁汝嘉奏明堂行礼，殿成。此即临安初创时之正殿，盖“凡上寿则曰‘紫宸殿’，朝贺则曰‘大庆殿’，宗祠则曰‘明堂殿’，策士则曰‘集英殿’，四殿皆即文德殿随事揭名也”。高宗自绍兴初年蓄意议和，受制于秦桧，坐失兵机，迄三十二年禅位于孝宗，自“以秦桧旧地作德寿宫，凿池引水，叠石作山”，优游其间，无非皆“图宫室之安”者，园苑建造之频，尤甚于其后诸帝。为太上皇时曾“甃石池以水银浮金凫鱼于上……指示曰水银正乏，此买之汪尚书家”。实不失当艮岳之裔。南宋宫室制度，初创时因国耻未雪，诸多顾忌，未克任意施展，仅就州城府治兴葺重造，故云“皆从简省”。临安州治本为钱王宫，地址虽较他州宏敞，宋建之正殿，碍于时势，未曾侈大；及增垂栱，崇政“其修广仅如大郡之设厅”。《舆服志》云：“其实垂栱、崇政二殿，权更其号而已。殿为屋五间，十二架，修六丈，广八丈四尺。殿南檐屋三间，修一丈五尺，广亦如之。两朵殿各二间。东、西廊各二十间，南廊九间，其中为殿门，三间六架。”孝宗又以“殿后拥合七间为延和殿，其制尤卑，陛阶一段，小如常人所居”，其“上梁文云：听朝决事，兼汴都延和、崇政之名……”。崇政究与垂栱易名，抑与延和同为一殿，尚待考证。正殿宫阁无多，又随时异额，勉袭汴都旧名，尤显其隘窄。

及和议成，韦太后回銮，“宫中庆典复始”，禁城内外乃年年增建。“绍兴八年，作慈宁宫；绍兴十二年作太社太学；十三年筑圜丘，景灵宫及秘书省；十五年作内中神御殿（钦先孝思殿）；十六年广太庙；十七年作玉津园，太一宫，万寿观……”禁中则营祥曦福宁等殿及后苑堂阁。十八年至二十八年间，曾增筑皇城，外城及宫前丽正门御路，建执政府，筑两相第，太医殿，尚书六府等。高宗禅位后所辟别宫、园苑及所赐府第、私园，亦多工巧靡丽，但建筑无宏大者。继后各朝所增造亭榭及便殿，或为习射、蹴鞠，或揽湖山之胜，多为宫廷宴游而作。偏安一隅之南宋首都，盖风雅有余，气魄不足，非复中原帝京之气象，建筑多水榭园亭之属，大殿无所增置，史志美其名曰“务简约，不尚华饰，以遵祖制”耳。

临安外城“包山距河，故南北长峙”。凡十三门，东壁有七门，西壁临湖有四门。其中涌金门为“北宋政和六年重建，颇极壮丽”。南北则仅各有一门，南即嘉会门，稍偏西与皇城丽正门引直，北曰“余杭”，亦曰“北关”。外另有水门五。全城“东沿河（钱塘江）西至山岗（凤凰山），自平陆至山岗，随其上下，以为宫殿”。形势乃不规则之山城。

“绍兴十八年，名皇城南门曰‘丽正’，北门曰‘和宁’，东苑曰‘东华’……皇城周迴九里”，南面丽正“其门有三，皆金钉朱户，画栋雕甍，覆以铜瓦，镌镂龙凤飞骧之状，巍峨壮丽，光耀溢目。左右列百官侍立阁子，登闻鼓院，检院相对，悉皆红杈子，排列森然，门禁严甚”。外城之嘉会门，营建亦精，其“城楼绚彩，为诸门冠”。盖南门为御道，“至丽正门计九里三百二十步，皆潮沙填筑，其平如席，以便五辂往来”，过南郊，从此幸郊台也。

自大内北出和宁新路，井市最盛，“南北宝玉珍异、花果时新、海鲜奇品，悉集于此”，一若汴京时之东华门外，和宁门之重要亦乃临安河道及市区地位所使然。门“在仁孝登平坊巷之中。亦列三门，金碧辉映，与丽正同，门外列百僚侍班阁子……”其内因与宫中后殿密迩，故帝后臣僚率多出入于此。“皇后出宫，至祥曦殿，上升龙檐，出和宁门”。“皇帝御垂拱殿，提举等官奉迎诸书至和宁门，步导致垂拱殿，各取合进呈……”等。

皇城内之宫殿，随事给名，后代改额，不易悉考。前殿建于绍兴四年，行在所录谓之正衙，即文德殿，凡上寿朝贺宗祠策士皆御此殿，故或称紫宸、大庆、明堂、集英。绍兴十二年，增建垂拱“以内诸司地为之”。“殿后有拥舍，孝宗改为别殿，是为延和便殿”。东部丽正门内为东宫。建炎初，“孝宗初育宫中，只造书院于宫门，曰内资善堂……迨为太子……止建厅堂并诸官属从屋……光宗升储，建太子宫门。淳熙二年（公元一一七五年）创射圃为游艺之所。度宗时（几十年后）更为增广”。孝宗于乾道初“辟射殿于禁垣之东，名日‘选德’”，及至淳熙五年，“中设漆屏，书郡国守相名氏其上”，图事揆策于此，以示着意军机，周必大被旨撰选德殿记。殿近东华门，近臣常于此召入。“自北宫门循廊而左，转南为祥曦殿，西接修廊为后殿”。而“钦先孝思在崇政之东”。

此外宁福寝殿及后妃等位于后苑偏宫之西部。称为南内，“苑中亭殿名称可见者仅有复古殿、损斋、观堂、芙蓉阁、翠寒堂、清华阁、椤木堂、隐岫、澄碧、倚柱、隐秀、碧琳堂之类……”。宁福殿后改为寿康宫，光宗逊位后居之。复古殿，损斋均高宗所常御，为其观摩书画玩器之处，观堂建于山顶，盖“碧琳堂近之一山崔嵬作观堂为上焚香祝天之所”。芙蓉阁则在山背，“翠寒堂以日本国松木为之，不施丹雘，白如象齿，环以古松”。澄碧殿位置近宫池，“淳熙二年孝宗曲宴宰执……至一小亭中，前有大池，潴水平岸，其下为石渠贯亭，以函启闸，奔流入渠，其声如雷，上曰：‘朕于饮食、衣服、宫室务从简俭，至所喜者唯此水尔……’”内苑大略如此实皆高宗所建饰，孝宗以后少有增置。

慈宁殿亦曰慈宁宫，为高宗因太后有归期而建，“上谓辅臣曰：行宫地步窄隘，今营建太后宫，抵是依山因地势修筑……”其址当在皇城前部西面山地一带。后易名慈福、慈寿，仍为各朝太后所居之殿也，宁宗开禧二年焚。

南宋内苑御园之经营，借江南湖山之美。继艮岳风格之后，着意林石幽韵，多独创之雅致，加以临安花卉妍丽，松竹自然。若梅花、白莲、芙蓉、芍药、翠竹、古松，皆御苑之主体点缀，建筑成分反成衬托。所谓堂与亭者最多，皆为赏玩花木，就近营建，如为古梅题匾曰“冷香”，石曰“芙蓉”，又为蟠松作清华堂，荼蘼作清研亭，皆此之类也。高宗究心艺事，内禅后尤多闲情逸致，所营德寿宫苑内万岁桥，“桥长六丈，并用吴磷进到玉石甃成，莹澈可爱。桥中心作四面亭，用新罗白木建造，极为雅洁。大池十余亩，皆种千叶白莲”。

德寿宫“在望仙桥东，高宗倦勤，即秦桧旧地筑新宫……内禅后遂移仗居焉。都人称为‘北大内’。凿大池，续竹笕数里，引湖水注之。其上垒石为山，象飞来峰，有堂名‘冷泉’，楼名‘聚远’。又分四地为四时游览之所。”其中布置精雅，花木泉流，多有匾额亭榭之名，尤为新颖。至孝宗禅位亦居之，改名重华宫。

外御园有玉津、聚景（东园）、富景（西园）、集芳、屏山诸园，玉津园为帝王较射之所，在嘉会门南四里洋泮桥侧，清时在杭州龙华寺后，犹得见。淳熙八年、十年驾幸玉津园，韩彦直等扈从题名，俱正书摩崖。聚景园之南门在清波门外，北门在涌金门外，西湖之东岸也。亭宇皆孝宗御匾，尝请两宫临幸，后光宗、宁宗亦皆奉太后同幸。乾淳《起居注》云：“淳熙六年……

幸此园，太上太后至会芳殿降辇，上及皇后至翠光降辇，并坐瑶津西轩入御筵……遂至锦壁赏大花。牡丹约千余丛，又至清辉少歇，由翠光登御舟入湖……泊花光亭，仍至会芳少歇还内。”其布置略可窥见。富景以芙蓉临池秀发，高孝两朝尝登龙舟卧看，建筑不详。集芳在葛岭，前临湖山，园归太后，藻饰甚丽，诸匾皆高宗御题。屏山园在钱湖门外，正对南屏，又名翠芳。理宗“开庆初，内司展建东至希夷堂，直抵雷峰山下……水环五花亭外”。“内有八面亭”，其建筑显为纤细亭榭之属。

其它如庆乐园，光宗曾以赐韩侂胄，后复归御有。内多古桂，亦有“十样亭榭，工巧无二。射圃、走马廊、流杯池、山洞，堂宇宏丽，野店村庄，装点时景”，谢太后府园歇凉亭之布置，则尤着重滨湖亭馆之建筑。“有眉寿堂、百花堂、一碧万顷堂、湖山清观，皆宏丽特甚……地宅百余间，后为元帅夏若水所居……元夕放灯，上下辉映”。高宗所赐杨存中之水月园，其中之水月堂“俯瞰平湖，前列万柳”，亦为近水堂榭，西湖园苑之特征也。南宋宫中殿宇无宏大之作，禁御则皆亭榭窈窕，曲径通幽，为优游忘世，高雅情绪之所托。其配属实创园亭设计之另一意识。北宋洛阳诸园本已渐有江南气息，倾向雅素，避脱侈丽之作，着重自然之美。宫苑中延福开其端，艮岳继其后，因无天然湖山之便，蔡京用朱冲父子，以人工兴筑，致成花石之扰，反病奢狂。高宗定都临安，以园苑论，实得山川之助，继艮岳之态，造成庭园建筑之佳例。吴中则自政和以后，进奉花石，开始叠假山之风，为之者愈多。其著者如光宗时之俞澂所作石山，秀拔有奇趣。

南宋建筑每单位之结构本嗣北宋崇宁格式。绍兴初“平江郡守王唤承兵火之余，兴葺官署学校，不遗余力，又重刊营造法式，即世所称绍兴本者，故其兴作犹遵奉汴梁遗法”。证之今日江南最大南宋殿宇，苏州玄妙观之三清殿亦可识其大略，“此殿自南宋淳熙六年重建后，迄今七百五十余年，虽迭经修治，然迄无再建之纪录”。

王唤究心艺事，尤重建筑。平江府治“北垣之齐云楼，循城为屋，轮奂雄特，一时称最。吴人至谓兵火之后，唯王唤重建此楼，差胜旧制”。此盖与滕王阁、黄鹤楼、岳阳楼等同一性质之城上台观也。其下为府治宅堂北之斋园，亭轩柱廊亦皆唤之经营。绍兴十五年，又绘大成殿两庑，轫讲堂，辟斋舍。十六年重作圆妙观两廊“画灵宝度人经变相。召画史工山林人物楼橹花木各专一技者，分任其事，极其工致”。唤与梁汝嘉先后直宝文阁，皆监修平江府治及临安行宫最力者，北宋建筑遗法之得以传播江南，唤尤有功焉。盖当时民间建筑严受限制，“凡庶民家不得施重栱、藻井及五色文采为饰，仍不得四铺飞檐。庶人合屋许五架门，一间、两厦而已”。微官府不时兴修，建筑艺术及法式最易废弛。董其役者，既以旧法为重，则技术虽有演变，系统究不中断。

宋代陵寝依其分布，可别为三区。“保定诸陵，皆开国后追建者；巩县为太祖、太宗以下诸帝后之陵及乾德间徙建之宣祖安陵，在宋陵中规模最为宏巨，最后为南渡诸帝之陵，权厝于会稽宝山，称为‘攒宫’，示异日恢复中原，归葬巩洛也”。

北宋陵寝北域悉围以竹篱，谓之“篱寨”。篱寨有内外之别，外篱在前。建有神御殿、斋宫、东西序、神厨、库室、公宇等，位在山陵下，故称“下宫”。“外篱之后为内篱，其范围包括石象生、献殿、陵台，谓之上宫”。上宫为陵之主体，其平面布置系“于南端建有鹊台，次乳台，次象生，次神墙，每面各辟一门，门内更为正方形之陵台，其下即帝后埋骨所也”。

南宋攒宫制度，比之巩县诸陵则大小悬殊，不可同日而语；然除象生、陵台数者外，其上下二宫，犹能具体而微，遵奉旧制。诸帝攒宫，凡所设施，乃参酌时宜，适合南渡后之物力，故废象生神墙及方上陵台，而藏梓宫于上宫献殿之后，为龟头屋覆之。明、清方城明楼之制，或即由此演变，而又另成形制，盖亦迥然与古代陵墓布置不同。此实研究我国陵墓沿革之可注意者。

永思陵者，高宗之陵也。建于孝宗淳熙十四年（公元一一八七年）冬，至翌年春季落成。陵之规模及间架尺寸，与彩画、瓦饰材料，见于周必大

《思陵录》者异常详密。“下宫之构成，系以前后殿与殿门回廊为主体，其外周以围墙一重，外复以竹篱绕之”。上宫部分，其外亦有篱门，内有红灰墙，周回六十三丈五尺，叠砌“鹊台”两堵。内为殿门，面阔三间，其内为火窑子，更内为献殿。“殿面阔三间，为上宫之主体，其后附龟头屋三间，设皇堂石藏子，置梓宫于内。殿外绕以砖砌之阶，施勾栏十七间，正面设踏道”。《思陵录》中关于结构尺寸甚详，尤以大木方面，柱高与开间面阔之比例等，对于宋代结构式样研究极有俾助，故洵足宝异也。

第二编

五　北京——都市计划的无比杰作

人民中国的首都北京，是一个极年老的旧城，却又是一个极年轻的新城。北京曾经是封建帝王威风的中心、军阀和反动势力的堡垒，今天它却是初落成的，照耀全世界的民主灯塔。它曾经是没落到只能引起无限“思古幽情”的旧京，也曾经是忍受侵略者铁蹄践踏的沦陷城，现在它却是生气蓬勃地在迎接社会主义曙光中的新首都。它有丰富的政治历史意义，更要发展无限文化上的光辉。

构成整个北京的表面现象的是它的许多不同的建筑物，那显著而美丽的历史文物，艺术的表现：如北京雄劲的周围城墙，城门上嵯峋高大的城楼，围绕紫禁城的黄瓦红墙，御河的栏杆石桥，宫城上窈窕的角楼，宫廷内宏丽的宫殿，或是园苑中妖媚的廊庑亭榭，热闹的市心里牌楼店面，和那许多坛、庙、塔寺、第宅、民居。它们是个别的建筑类型，也是个别的艺术杰作。每一类，每一座，都是过去劳动人民血汗创造的优美果实，给人以深刻的印象；今天这些都回到人民自己手里，我们对它们宝贵万分是理之当然。但是，最重要的还是这各种类型，各个或各组的建筑物的全部配合：它们与北京的全盘计划整个布局的关系；它们的位置和街道系统如何相辅相成；如何集中与

注：原载于1951年4月《新观察》第2卷7~8期，署名梁思成，但梁先生附注了“本文虽是作者答应担任下来的任务，但在实际写作进行中，都是同林徽因分工合作，有若干部分还偏劳了她”的声明。故此，本篇文章也一并收入本集。

分布；引直与对称；前后左右，高下起落，所组织起来的北京的全部部署的庄严秩序，怎样成为宏壮而又美丽的环境。北京是在全盘的处理上才完整的表现出伟大的中华民族建筑的传统手法和在都市计划方面的智慧与气魄。这整个的体形环境增强了我们对于伟大的祖先的景仰，对于中华民族文化的骄傲，对于祖国的热爱。北京对我们证明了我们的民族在适应自然，控制自然，改变自然的实践中有着多么光辉的成就。这样一个城市是一个举世无匹的杰作。

我们承继了这份宝贵的遗产，的确要仔细的了解它——它的发展的历史，过去的任务，同今天的价值。不但对于北京个别的文物，我们要加深认识，且要对这个部署的体系提高理解，在将来的建设发展中，我们才能保护固有的精华，才不至于使北京受到不可补偿的损失。并且也只有深入的认识和热爱北京独立的和谐的整体格调，才能掌握它原有的精神来作更辉煌的发展，为今天和明天服务。

北京城的特点是热爱北京的人们都大略知道的。我们就按着这些特点分述如下。

我们的祖先选择了这个地址

北京在位置上是一个杰出的选择。它在华北平原的最北头；处于两条约略平行的河流的中间，它的西面和北面是一弧线的山脉围抱着，东面南面则展开向着大平原。它为什么坐落在这个地点是有充足的地理条件的。选择这地址的本身就是我们祖先同自然斗争的生活所得到的智慧。

北京的高度约为海拔五十公尺，地质学家所研究的资料告诉我们，在它的东南面比它低下的地区，四五千年前还都是低洼的湖沼地带。所以历史家可以推测，由中国古代的文化中心的“中原”向北发展，势必沿着太行山麓这条五十公尺等高线的地带走。因为这一条路要跨渡许多河流，每次便必须在每条河流的适当的渡口上来往。当我们的祖先到达永定河的右岸时，经验使他们找到那一带最好的渡口。这地点正是我们现在的卢沟桥所在。渡过了这个渡口之后，正北有一支西山山脉向东伸出，挡住去路，往东走了十余公里这支山脉才消失到一片平原里。所以就在这里，西倚山麓，东向平原，一个农业的民族建立了一个最有利于发展的聚落，当然是适当而合理的。北京的位置就这样的产生了。并且也就在这里，他们有了更重要的发展。同北面的游牧民族开始接触，是可以由这北京的位置开始，分三条主要道路通到北面的山岳高原和东北面的辽东平原的。那三个口子就是南口，古北口和山海关。北京可以说是向着这三条路出发的分岔点，这也成了今天北京城主要构成原因之一。北京是河北平原旱路北行的终点，又是通向“塞外”高原的起点。我们的祖先选择了这地方，不但建立一个聚落，并又发展成中国古代边区的重点，完全是适应地理条件的活动。这地方经过世代的发展，在周朝为燕国的都邑，称做蓟；到了唐是幽州城，节度使的府衙所在。在五代和北宋是辽的南京，亦称做燕京；在南宋是金的中部。到了元朝，城的位置东移，建设一新，成为全国政治的中心，就成了今天北京的基础。最难得的是明清两代易朝换代的时候都未经太大的破坏就又在旧基础上修建展拓，随着条件发展。到了今天，城中每段街、每一个区域都有着丰富的历史和劳动人民血汗的成绩。有纪念价值的文物实在是太多了。

北京城近千年来的四次改建

一个城是不断的随着政治经济的变动而发展着改变着的，北京当然也非例外。但是在过去一千年中间，北京曾经有过四次大规模的发展，不单是动了土木工程，并且是移动了地址的大修建。对这些变动有个简单认识，对于北京城的布局形势便更觉得亲切。

现在北京最早的基础是唐朝的幽州城，它的中心在现在广安门外迤南一带。本为范阳节度使的驻地，安禄山和史思明向唐代政权进攻曾由此发动，所以当时是军事上重要的边城。后来刘仁恭父子割据称帝，把城中的“子城”改建成宫城的规模，有了宫殿。九三七年，北方民族的辽势力渐大，五代的石晋割了燕云等十六州给辽，辽人并不曾改动唐的幽州城，只加以修整，将它“升为南京”。这时的北京开始成为边疆上一个相当区域的政治中心了。

到了更北方的民族金人的侵入时，先灭辽，又攻败北宋，将宋的势力压缩到江南地区，自己便承袭辽的“南京”，以它为首都。起初金也没有改建旧城，一一五一年才大规模的将辽城扩大，增建宫殿，意识地模仿北宋汴梁的形制，按图兴修。他把宋东京汴梁（开封）的宫殿苑囿和真定（正定）的潭园木料拆卸北运，在此大大建设起来，称它做中都，这时的北京便成了半个中国的中心。当然，许多辉煌的建筑仍然是中都的劳动人民和技术匠人，承继着北宋工艺的宝贵传统，又创造出来的。在金人进攻掳夺“中原”的时候，“匠户”也是他们掳劫的对象，所以汴梁的许多匠人曾被迫随着金军到了北京，为金的统治阶级服务。金朝在北京曾不断的营建，规模宏大，最重要的还有当时的离宫，今天的中海北海。辽以后，金在旧城基础上扩充建设，便是北京第一次的大改建，但它的东面城墙还在现在的琉璃厂以西。

一二一五年元人破中都，中都的宫城同宋的东京一样遭到剧烈破坏，只有郊外的离宫大略完好。一二六〇年以后，元世祖忽必烈数次到金故中都，都没有进城而驻驿在离宫琼华岛上的宫殿里。这地方便成了今天北京的胚胎，因为到了一二六七年元代开始建城的时候，就以这离宫为核心建造了新首都。元大都的皇宫是围绕北海和中海而布置的，元代的北京城便围绕着这皇宫成一正方形。

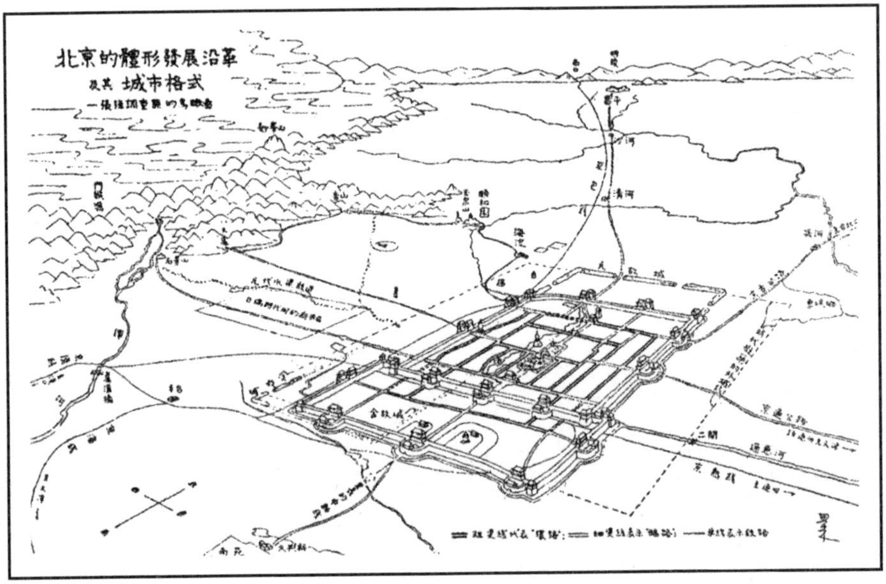

这样，北京的位置由原来的地址向东北迁移了很多。这新城的西南角同旧城的东北角差不多接壤，这就是今天的宣武门迤西一带。虽然金城的北面在现在的宣武门内，当时元的新城最南一面却只到现在的东西长安街一线上，所以两城还隔着一个小距离。主要原因是当元建新城时，金的城墙还没有拆掉之故。元代这次新建设是非同小可的，城的全部是一个完整的布局。在制度上有许多仍是承袭中都的传统，只是规模更大了。如宫门楼观，宫墙角楼，护城河，御路，石桥，千步廊的制度，不但保留中都所有，且超过汴梁的规模。还有故意恢复一些古制的，如“左祖右社”的格式，以配合“前朝后市”的形势。

这一次新址发展的主要存在基础不仅是有天然湖沼的离宫和它优良的水源，还有极好的粮运的水道。什刹海曾是航运的终点，成了重要的市中心。当时的城是近乎正方形的，北面在今日北城墙外约二公里，当时的鼓楼便位于全城的中心点上，在今什刹海北岸。因为船只可以在这一带停泊，钟鼓楼自然是那时热闹的商市中心。这虽是地理条件所形成，但一向许多人说到元代北京形制，总以这“前朝后市”为严格遵循古制的证据。元时建的尚是土城，没有砖面，东，西，南，每面三门；惟有北面只有两门，街道引直，部署井然。当时分全市为五十坊，鼓励官吏人民从旧城迁来。这便是辽以后北京第二次的大改建。它的中心宫城基本上就是今天北京的故宫与北海中海。

一三六八年明太祖朱元璋灭了元朝，次年就“缩城北五里”，筑了今天所见的北面城墙。原因显然是本来人口就稀疏的北城地区，到了这时，因航运滞塞，不能到达什刹海，因而更萧条不堪，而商业则因金的旧城东壁原有的基础渐在元城的南面郊外繁荣起来。元的北城内地址自多旷废无用，所以索性缩短五里了。

明成祖朱棣迁都北京后，因衙署不足，又没有地址兴修，一四一九年便将南面城墙向南展拓，由长安街线上移到现在的位置。南北两墙改建的工程使整个北京城约略向南移动四分之一，这完全是经济和政治的直接影响。且为了元的故宫已故意被破坏过，重建时就又做了若干修改。最重要的是因不满城中南北中轴线为什刹海所切断，将宫城中线向东移了约一百五十公尺，正阳门、钟鼓楼也随着东移，以取得由正阳门到鼓楼钟楼中轴线的贯通，同时又以景山横亘在皇宫北面如一道屏风。这个变动使景山中峰上的亭子成了全城南北的中心，替代了元朝的鼓楼的地位。这五十年间陆续完成的三次大工程便是北京在辽以后的第三次改建。这时的北京城就是今天北京的内城了。

在明中叶以后，东北的军事威胁逐渐强大，所以要在城的四面再筑一圈外城。原拟在北面利用元旧城，所以就决定内外城的距离照着原来北面所缩的五里。这时正阳门外已非常繁荣，西边宣武门外是金中都东门内外的热闹区域，东边崇文门外这时受航运终点的影响，工商业也发展起来。所以工程由南面开始，先筑南城。开工之后，发现费用太大，尤其是城墙由明代起始改用砖，较过去土墙所费更大，所以就改变计划，仅筑南城一面了。外城东西仅比内城宽出六七百公尺，便折而向北，止于内城西南东南两角上，即今西便门，东便门之处。这是在唐幽州基础上辽以后北京第四次的大改建。北京今天的凸字形状的城墙就这样在一五五三年完成的。假使这外城按原计划完成，则东面城墙将在二闸，西面差不多到了公主坟，现在的东岳庙，大钟寺，五塔寺，西郊公园，天宁寺，白云观便都要在外城之内了。

清朝承继了明朝的北京，虽然个别的建筑单位许多经过了重建，对整个布局体系则未改动，一直到了今天。民国以后，北京市内虽然有不少的局部改建，尤其是道路系统，为适合近代使用，有了很多变更，但对于北京的全部规模则尚保存原来秩序，没有大的损害。

由那四次的大改建，我们认识到一个事实，就是城墙的存在也并不能阻碍城区某部分一定的发展，也不能防止某部分的衰落。全城各部分是随着政治，军事，经济的需要而有所兴废。北京过去在体形的发展上，没有被它的城墙限制过它必要的展拓和所展拓的方向，就是一个明证。

北京的水源——全城的生命线

从元建大都以来，北京城就有了一个问题，不断的需要完满解决，到了今天同样问题也仍然存在。那就是北京城的水源问题。这问题的解决与否在有铁路和自来水以前的时代里更严重的影响着北京的经济和全市居民的健康。

在有铁路以前，北京与南方的粮运完全靠运河。由北京到通州之间的通惠河一段，顺着西高东低的地势，须靠由西北来的水源。这水源还须供给什刹海，三海和护城河，否则它们立即枯竭，反成孕育病疫的水洼。水源可以说是北京的生命线。

北京近郊的玉泉山的泉源虽然是“天下第一”，但水量到底有限；供给池沼和饮料虽足够，但供给航运则不足了。辽金时代航运水道曾利用高梁河水，元初则大规模的重新计划。起初曾经引永定河水东行，但因夏季山洪暴发，控制困难，不久即放弃。当时的河渠故道在现在西郊新区之北，至今仍可辨认。废弃这条水道之后的计划是另找泉源。于是便由昌平县神山泉引水南下，建造了一条石渠，将水引到瓮山泊（昆明湖）再由一道石渠东引入城，先到什刹海，再流到通惠河。这两条石渠在西北郊都有残迹，城中由什刹海到二闸的南北河道就是现在南北河沿和御河桥一带。元时所引玉泉山的水是与由昌平南下经同昆明湖入城的水分流的。这条水名金水河，沿途严禁老百姓使用，专引入宫苑地沼，主要供皇室的饮水和栽花养鱼之用。金水河由宫中流到护城河，然后同昆明湖什刹海那一股水汇流入通惠河。元朝对水源计划之苦心，水道建设规模之大，后代都不能及。城内地下暗沟也是那时留下绝好的基础，经明增设，到现在还是最可贵的下水道系统。

明朝先都南京，昌平水渠破坏失修，竟然废掉不用。由昆明湖出来的水与由玉泉山出来的水也不两河分流，事实上水源完全靠玉泉山的水。因此水量顿减，航运当然不能入城。

到了清初建设时，曾作补救计划，将西山碧云寺、卧佛寺同香山的泉水都加入利用，引到昆明湖。这段水渠又破坏失修后，北京水量一直感到干涩不足。解放之前若干年中，三海和护城河淤塞情形是愈来愈严重，人民健康曾大受影响。龙须沟的情况就是典型的例子。

一九五〇年，北京市人民政府大力疏浚北京河道，包括三海和什刹海，同时疏通各种沟渠，并在西直门外增凿深井，增加水源。这样大大的改善了北京的环境卫生，是北京水源史中又一次新的纪录。现在我们还可以期待永定河上游水利工程，眼看着将来再努力沟通京津水道航运的事业。过去伟大的通惠运河仍可再用，是我们有利的发展基础。

北京的城市格式——中轴线的特征

如上文所曾讲到，北京城的凸字形平面是逐步发展而来。它在十六世纪中叶完成了现在的特殊形状。城内的全部布局则是由中国历代都市的传统制度，通过特殊的地理条件，和元明清三代政治经济实际情况而发展的具体形式。这个格式的形成，一方面是遵循或承袭过去的一般的制度，一方面又由于所尊崇的制度同自己的特殊条件相结合所产生出来的变化运用。北京的体形大部分是由于实际用途而来，又曾经过艺术的处理而达到高度成功的。所以北京的总平面是经得起分析的。过去虽然曾很好的为封建时代服务，今天它仍然能很好的为新民主主义时代的生活服务，并还可以再作社会主义时代的都城，毫不阻碍一切有利的发展。它的累积的创造成绩是永远可以使我们骄傲的。

大略的说，凸字形的北京，北半是内城，南半是外城，故宫为内城核心，也是全城的布局重心。全城就是围绕这中心而部署的。但贯通这全部部署的是一根直线。一根长达八公里，全世界最长，也最伟大的南北中轴线穿过了全城。北京独有的壮美秩序就由这条中轴的建立而产生。前后起伏左右对称的体形或空间的分配都是以这条中轴为依据的。气魄之雄伟就在这个南北引伸，一贯到底的规模。我们可以从外城最南的永定门说起，从这南端正门北行，在中轴线左右是天坛和先农坛两个约略对称的建筑群；经过长长一条市楼对列的大街，到达珠市口的十字街之后，才面向着内城第一个重点——雄伟的正阳门楼。在门前百余公尺的地方，拦路一座大牌楼，一座大石桥，为这第一个重点做了前卫。但这还只是一个序幕。过了此点，从正阳门楼到中华门，由中华门到天安门，一起一伏、一伏而又起，这中间千步廊（民国初年已拆除）御路的长度，和天安门面前的宽度，是最大胆的空间的处理，衬托着建筑重点的安排。这个当时曾经为封建帝王据为己有的禁地，今天是多么恰当的回到人民手里，成为人民自己的广场！由天安门起，是一系列轻重不一的宫门和广庭，金色照耀的琉璃瓦顶，一层又一层的起伏峋峙，一直引导到太和殿顶，便到达中线前半的极点，然后向北，重点逐渐退削，以神武门为尾声。再往北，又“奇峰突起”的立着景山做了宫城背后的衬托。景山中峰上的亭子正在南北的中心点上。由此向北是一波又一波的远距离重点的呼应。由地安门，到鼓楼、钟楼，高大的建筑物都继续在中轴线上。但到了钟楼，中轴线便有计划地，也恰到好处地结束了。中线不再向北到达墙根，而将重点平稳地分配给左右分立的两个北面城楼——安定门和德胜门。有这样气魄的建筑总布局，以这样规模来处理空间，世界上就没有第二个！

在中线的东西两侧为北京主要街道的骨干；东西单牌楼和东西四牌楼是四个热闹商市的中心。在城的四周，在宫城的四角上，在内外城的四角和各城门上，立着十几个环卫的突出点。这些城门上的门楼，箭楼及角楼又增强了全城三度空间的抑扬顿挫和起伏高下。因北海和中海，什刹海的湖沼岛屿所产生的不规则布局，和因琼华岛塔和妙应寺白塔所产生的突出点，以及许多坛庙园林的错落，也都增强了规则的布局和不规则的变化的对比。在有了飞机的时代，由空中俯瞰，或仅由各个城楼上或景山顶上遥望，都可以看到北京杰出成就的优异。这是一份伟大的遗产，它是我们人民最宝贵的财产，还有人感觉不到吗？

北京的交通系统及街道系统

北京是华北平原通到蒙古高原、热河山地和东北的几条大路的分岔点，所以在历史上它一向是一个政治、军事重镇。北京在元朝成为大都以后，因为运河的开凿，以取得东南的粮食，才增加了另一条东面的南北交通线。一直到今天，北京与南方联系的两条主要铁路干线都沿着这两条历史的旧路修筑；而京包、京热两线也正筑在我们祖先的足迹上。这是地理条件所决定的。因此，北京便很自然的成了华北北部最重要的铁路衔接站。自从汽车运输发达以来，北京也成了一个公路网的中心。西苑南苑两个飞机场已使北京对外的空运有了站驿。这许多市外的交通网同市区的街道是息息相关互相衔接的，所以北京城是会每日增加它的现代效果和价值的。

今天所存在的城内的街道系统，用现代都市计划的原则来分析，是一个极其合理，完全适合现代化使用的系统。这是一个令人惊讶的事实，是任何一个中世纪城市所没有的。我们不得不又一次敬佩我们祖先伟大的智慧。

这个系统的主要特征在大街与小巷，无论在位置上或大小上，都有明确的分别；大街大致分布成几层合乎现代所采用的“环道”；由“环道”明确的有四向伸出的“辐道”。结果主要的车辆自然会汇集在大街上流通，不致无故地去窜小胡同，胡同里的住宅得到了宁静，就是为此。

所谓几层的环道，最内环是紧绕宫城的东西长安街、南北池子、南北长街、景山前大街。第二环是王府井、府右街，南北两面仍是长安街和景山前大街。第三环以东西交民巷，东单东四，经过铁狮子胡同、后门、北海后门、太平仓、西四、西单而完成。这样还可更向南延长，经宣武门、菜市口、珠市口、磁器口而入崇文门。近年来又逐步地开辟一个第四环，就是东城的南北小街、西城的南北沟沿、北面的北新桥大街，鼓楼东大街，以达新街口。但鼓楼与新街口之间因有什刹海的梗阻，要多少费点事。南面则尚未成环（也许可与东交民巷衔接）。这几环中，虽然有多少尚待展宽或未完全打通的段落，但极易完成。这是现代都市计划学家近年来才发现的新原则。欧美许多城市都在它们的弯曲杂乱或呆板单调的街道中努力计划开辟成环道，以适应控制大量汽车流通的迫切需要。我们的北京却可应用六百年前建立的规模，只须稍加展宽整理，便可成为最理想的街道系统。这的确是伟大的祖先留给我们的“余荫”。

有许多人不满北京的胡同，其实胡同的缺点不在其小，而在其泥泞和缺乏小型空场与树木。但它们都是安静的住宅区，有它的一定优良作用。在道路系统的分配上也是一种很优良的秩序。这些便是以后我们发展的良好基础，可以予以改进和提高的。

北京城的土地使用——分区

我们不敢说我们的祖先计划北京城的时候，曾经计划到它的土地使用或分区。但我们若加以分析，就可看出它大体上是分了区的，而且在位置上大致都适应当时生活的要求和社会条件。

内城除紫禁城为皇宫外，皇城之内的地区是内府官员的住宅区。皇城以外，东西交民巷一带是各衙署所在的行政区（其中东交民巷在辛丑条约之后被划为“使馆区”）。而这些住宅的住户，有很多就是各衙署的官员。北城是贵族区，和供应他们的商店区，这区内王府特别多。东西四牌楼是东西城的两个主要市场；由它们附近街巷名称，就可看出。如东四牌楼附近是猪市大街、小羊市、驴市（今改“礼士”）胡同等；西四牌楼则有马市大街、羊市大街、羊肉胡同、缸瓦市等。

至于外城，大体的说，正阳门大街以东是工业区和比较简陋的商业区，以西是最繁华的商业区。前门以东以商业命名的街道有鲜鱼口、瓜子店、果子市等；工业的则有打磨厂、梯子胡同等等。以西主要的是珠宝市、钱市胡同、大栅栏等，是主要商店所聚集；但也有粮食店、煤市街。崇文门外则有巾帽胡同、木厂胡同、花市、草市、磁器口等等，都表示着这一带的土地使用性质。宣武门外是京官住宅和各省府州县会馆区，会馆是各省入京应试的举人们的招待所，因此知识分子大量集中在这一带。应景而生的是他们的“文化街”，即供应读书人的琉璃厂的书铺集团，形成了一个“公共图书馆”；其中掺杂着许多古玩铺，又正是供给知识分子观摩的“公共文物馆”。其次要提到的就是文娱区；大多数的戏院都散布在前门外东西两侧的商业区中间。大众化的杂耍场集中在天桥。至于骚人雅士们则常到先农坛迤西洼地中的陶然亭吟风咏月，饮酒赋诗。

由上面的分析，我们可以看出，以往北京的土地使用，的确有分区的现象。但是除皇城及它迤南的行政区是多少有计划的之外，其他各区都是在发展中自然集中而划分的。这种分区情形，到民国初年还存在。

到现在，除去北城的贵族已不贵了，东交民巷又由“使馆区”收复为行政区而仍然兼是一个有许多已建立邦交的使馆或尚未建立邦交的使馆所在区，和西交民巷成了银行集中的商务区之外，大致没有大改变。近二三十年来的改变，则在外城建立了几处工厂。王府井大街因为东安市场之开辟，再加上供应东交民巷帝国主义外交官僚的消费，变成了繁盛的零售商店街，部分夺取了民国初年军阀时代前门外的繁荣。东西单牌楼之间则因长安街三座门之打通而繁荣起来，产生了沿街“洋式”店楼型制。全城的土地使用，比清末民初时期显然增加了杂乱错综的现象。幸而因为北京以往并不是一个工商业中心，体形环境方面尚未受到不可挽回的损害。

北京城是一个具有计划性的整体

北京是中国（可能是全世界）文物建筑最多的城。元、明、清历代的宫苑，坛庙，塔寺分布在全城，各有它的历史艺术意义，是不用说的。要再指出的是：因为北京是一个先有计划然后建造的城（当然，计划所实现的都曾经因各时代的需要屡次修正，而不断地发展的）。它所特具的优点主要就在它那具有计划性的城市的整体。那宏伟而庄严的布局，在处理空间和分配重点上创造出卓越的风格，同时也安排了合理而有秩序的街道系统，而不仅在它内部许多个别建筑物的丰富的历史意义与艺术的表现。所以我们首先必须认识到北京城部署骨干的卓越，北京建筑的整个体系是全世界保存得最完好，而且继续有传统的活力的、最特殊、最珍贵的艺术杰作。这是我们对北京城不可忽略的起码认识。

就大多数的文物建筑而论，也都不仅是单座的建筑物，而往往是若干座合组而成的整体，为极为宝贵的艺术创造，故宫就是最显著的一个例子。其他如坛庙、园苑、府第，无一不是整组的文物建筑，有它全体上的价值。我们爱护文物建筑，不仅应该爱护个别的一殿，一堂，一楼，一塔，而且必须爱护它的周围整体和邻近的环境。我们不能坐视，也不能忍受一座或一组壮丽的建筑物遭受到各种各式直接或间接的破坏，使它们委曲在不调和的周围里，受到不应有的宰割。过去因为帝国主义的侵略，和我们不同体系，不同格调的各型各式的所谓洋式楼房，所谓摩天高楼，摹仿到家或不到家的欧美系统的建筑物，庞杂凌乱的大量渗到我们的许多城市中来，长久地劈头拦腰破坏了我们的建筑情调，渐渐地麻痹了我们对于环境的敏感，使我们习惯于不调和的体形或习惯于看着自己优美的建筑物被摒斥到委曲求全的夹缝中，而感到无可奈何。我们今后在建设中，这种错误是应该予以纠正了。代替这种蔓延野生的恶劣建筑，必须是有计划有重点的发展，比如明年，在天安门的前面，广场的中央，将要出现一座庄严伟大的人民英雄纪念碑。几年以后，广场的外围将要建起整齐壮丽的建筑，将广场衬托起来。长安门（三座门）外将是绿荫平阔的林荫大道，一直通出城墙，使北京向东西城郊发展。那时的天安门广场将要更显得雄伟美丽了。总之，今后我们的建设，必须强调同环境配合，发展新的来保护旧的，这样才能保存优良伟大的基础，使北京城永远保持着美丽、健康和年轻。

北京城内城外无数的文物建筑，尤其是故宫、太庙（现在的劳动人民文化宫）、社稷坛（中山公园）、天坛、先农坛、孔庙、国子监、颐和园等等，都普遍地受到人们的赞美。但是一件极重要而珍贵的文物，竟然没有得到应有的注意，乃至被人忽视，那就是伟大的北京城墙。它的产生，它的变动，它的平面形成凸字形的沿革，充满了历史意义，是一个历史现象辩证的发展的卓越标本，已经在上文叙述过了。至于它的朴实雄厚的壁垒，宏丽嶙峋的城门楼、箭楼、角楼，也正是北京体形环境中不可分离的艺术构成部分，我们还需要首先特别提到。苏联人民称斯摩林斯克的城墙为苏联的颈链，我们北京的城墙，加上那些美丽的城楼，更应称为一串光彩耀目的中华人民的璎珞了。古史上有许多著名的台——古代封建主的某些殿宇是筑在高台上的，台和城墙有时不分——后来发展成为唐宋的阁与楼时，则是在城墙上含有纪念性的建筑物，大半可供人民登临。前者如春秋战国燕和赵的丛台，西汉的未央宫，汉末曹操和东晋石赵在邺城的先后两个铜雀台，后者如唐宋以来由文字流传后世的滕王阁、黄鹤楼、岳阳楼等。宋代的宫前门楼宣德楼的作用也还略像一个特殊的前殿，不只是一个仅具形式的城楼。北京嶙峙着许多壮观的城楼角楼，站在上面俯瞰城郊，远览风景，可以供人娱心悦目，舒畅胸襟。但在过去封建时代里，因人民不得登临，事实上是等于放弃了它的一个可贵的作用。今后我们必须好好利用它为广大人民服务。现在前门箭楼早已恰当地作为文娱之用。在北京市各界人民代表会议中，又有人建议用崇文门、宣武门两个城楼做陈列馆，以后不但各城楼部可以同样的利用，并且我们应该把城墙上面的全部面积整理出来，尽量使它发挥它所具有的特长。城墙上面面积宽敞，可以布置花池，栽种花草，安设公园椅，每隔若干距离的敌台上可建凉亭，供人游息。由城墙或城楼上俯视护城河，与郊外平原，远望西山远景或禁城宫殿，它将是世界上最特殊公园之一——一个全长达三九．七五公里的立体环城公园！

我们应该怎样保护这庞大的伟大的杰作?

人民中国的首都正在面临着经济建设，文化建设——市政建设高潮的前夕。解放两年以来，北京已在以递加的速率改变，以适合不断发展的需要。今后一二十年之内，无数的新建筑将要接踵的兴建起来，街道系统将加以改善，千百条的大街小巷将要改观，各种不同性质的区域将要划分出来。北京城是必须现代化的；同时北京城原有的整体文物性特征和多数个别的文物建筑又是必须保存的。我们必须“古今兼顾，新旧两利”。我们对这许多错综复杂问题应如何处理？是每一个热爱中国人民首都的人所关切的问题。

如同在许多其他的建设工作中一样，先进的苏联已为我们解答了这问题，立下了良好的榜样。在《苏联沦陷区解放后之重建》一书中，苏联的建筑史家 N・窝罗宁教授说：

“计划一个城市的建筑师必须顾到他所计划的地区生活的历史传统和建筑的传统。在他的设计中，必须保留合理的、有历史价值的一切和在房屋类型和都市计划中，过去的经验所形成的特征的一切；同时这城市或村庄必须成为自然环境中的一部分。……新计划的城市的建筑样式必须避免呆板硬性的规格化，因为它将掠夺了城市的个性；他必须采用当地居民所珍贵的一切。

“人民在便利、经济和美感方面的需要，他们在习俗与文化方面的需要，是重建计划中所必须遵守的第一条规则。”

窝罗宁教授在他的书中举了许多实例。其中一个被称为“俄罗斯的博物院”的诺夫哥罗德城，这个城的“历史性文物建筑比任何一个城都多”。

“它的重建是建筑院院士舒舍夫负责的。他的计划作了依照古代都市计划制度重建的准备——当然加上现代化的改善。……在最卓越的历史文物建筑周围的空地将布置成为花园，以便取得文物建筑的观景。若干组的文物建筑群将被保留为国宝；……

“关于这城……的新建筑样式，建筑师们很正确地拒绝了庸俗的‘市侩式’建筑，而采取了被称为‘地方性的拿破仑时代式’建筑，因为它是该城原有建筑中最典型的样式。

“……建筑学者们指出：在计划重建新的诺夫哥罗德的设计中，要给予历史性文物建筑以有利的位置，使得在远处近处都可以看见它们的原则的正确性。

“对于许多类似诺夫哥罗德的古俄罗斯城市之重建的这种研讨将要引导使问题得到最合理的解决，因为每一个意见都是对于以往的俄罗斯文物的热爱的表现。”

怎样建设“中国的博物院”的北京城，上面引录的原则是正确的。让我们向诺夫哥罗德看齐，向舒舍夫学习。

六　我们的首都

中山堂

我们的首都是这样多方面的伟大和可爱，每次我们都可以从不同的事物来介绍和说明它，来了解和认识它。我们的首都是一个最富于文化建筑的名城；从文物建筑来介绍它，可以更深刻地感到它的伟大与罕贵。下面这个镜头就是我要在这里首先介绍的一个对象。

它是中山公园内的中山堂。你可能已在这里开过会，或因游览中山公园而认识了它；你也可能是没有来过首都而希望来的人，愿意对北京有个初步的了解。让我来介绍一下吧，这是一个愉快的任务。

这个殿堂的确不是一个寻常的建筑物；就是在这个满是文物建筑的北京城里，它也是极其罕贵的一个。因为它是这个古老的城中最老的一座木构大殿，它的年龄已有五百三十岁了。它是十五世纪二十年代的建筑，是明朝永乐由南京重回北京建都时所造的许多建筑物之一，也是明初工艺最旺盛的时代里，我们可尊敬的无名工匠们所创造的、保存到今天的一个实物。

这个殿堂过去不是帝王的宫殿，也不是佛寺的经堂；它是执行中国最原

注：本章中的11节依次连载于1952年《新观察》第1~11期（1952年1—7月），署名：林徽因。

始宗教中祭祀仪节而设的坛庙中的“享殿”。中山公园过去是“社稷坛”，就是祭土地和五谷之神的地方。

凡是坛庙都用柏树林围绕，所以环境优美，成为现代公园的极好基础。社稷坛全部包括中央一广场，场内一方坛，场四面有短墙和棂星门；短墙之外，三面为神道，北面为享殿和寝殿；它们的外围又有红围墙和美丽的券洞门。正南有井亭，外围古柏参天。

中山堂的外表是个典型的大殿。白石镶嵌的台基和三道石阶，朱漆合抱的并列立柱，精致的门窗，青绿彩画的阑额，由于综错木材所组成的“斗栱”和檐椽等所造成的建筑装饰，加上黄琉璃瓦巍然耸起，微曲的坡顶，都可说是典型的、但也正是完整而美好的结构。它比例的稳重，尺度的恰当，也恰如它的作用和它的环境所需要的。它的内部不用天花顶棚，而将梁架斗栱结构全部外露，即所谓“露明造”的格式。我们仰头望去，就可以看见每一块结构的构材处理得有如装饰画那样美丽，同时又组成了巧妙的图案。当然，传统的青绿彩绘也更使它灿烂而华贵。但是明初遗物的特征是木材的优良（每柱必是整料，且以楠木为主），和匠工砍削榫卯的准确，这些都不是在外表上显著之点，而是属于它内在的品质的。

中国劳动人民所创造的这样一座优美的、雄伟的建筑物，过去只供封建帝王愚民之用，现在回到了人民的手里，它的效能，充分地被人民使用了。一九四九年八月，北京市第一届人民代表会议，就是在这里召开的。两年多来，这里开过各种会议百余次。这大殿是多么恰当地用作各种工作会议和报告的大礼堂！而更巧的是同社稷坛遥遥相对的太庙，也已用作首都劳动人民的文化宫了。

北京市劳动人民文化宫

北京市劳动人民文化宫是首都人民所熟悉的地方。它在天安门的左侧，同天安门右侧的中山公园正相对称。它所占的面积很大，南面和天安门在一条线上，北面背临着紫禁城前的护城河，西面由故宫前的东千步廊起，东面到故宫的东墙根止，东西宽度恰是紫禁城的一半。这里是四百零八年以前（明嘉靖二十三年，一五四四年）劳动人民所辛苦建造起来的一所规模宏大的庙宇。它主要是由三座大殿、三进庭院所组成；此外，环绕着它的四周的，是一片蓊郁古劲的柏树林。

这里过去称做“太庙”，只是沉寂地供着一些死人牌位和一年举行几次皇族的祭祖大典的地方。解放以后，一九五〇年国际劳动节，这里的大门上挂上了毛主席亲笔题的匾额——“北京市劳动人民文化宫”，它便活跃起来了。在这里面所进行的各种文化娱乐活动经常受到首都劳动人民的热烈欢迎，以至于这里林荫下的庭院和大殿里经常挤满了人，假日和举行各种展览会的时候，等待入门的行列有时一直排到天安门前。

在这里，各种文化娱乐活动是在一个特别美丽的环境中进行的。这个环境的特点有二：

一，它是故宫中工料特殊精美而在四百多年中又丝毫未被伤毁的一个完整的建筑组群。

二，它的平面布局是在祖国的建筑体系中，在处理空间的方法上最卓越的例子之一。不但是它的内部布局爽朗而紧凑，在虚实起伏之间，构成一个整体，并且它还是故宫体系总布局的一个组成部分，同天安门、端门和午门有一定的关系。如果我们从高处下瞰，就可以看出文化宫是以一个广庭为核心，四面建筑物环抱，北面是建筑的重点。它不单是一座单独的殿堂，而是前后三殿：中殿与后殿都各有它的两厢配殿和前院；前殿特别雄大，有两重屋檐，三层石基，左右两厢是很长的廊庑，像两臂伸出抱拢着前面广庭。南面的建筑很简单，就是入口的大门。在这全组建筑物之外，环绕着两重有琉璃瓦饰的红墙，两圈红墙之间，是一周苍翠的老柏树林。南面的树林是特别大的一片，造成浓荫，和北头建筑物的重点恰相呼应。它们所留出的主要空间就是那个可容万人以上的广庭，配合着两面的廊子。这样的一种空间处理，是非常适合于户外的集体活动的。这也是我们祖国建筑的优良传统之一。这种布局与中山公园中社稷坛部分完全不同，但在比重上又恰是对称的。如果说社稷坛是一个四条神道由中心向外展开的坛（仅在北面有两座不高的殿堂），文化宫则是一个由四面殿堂廊屋围拢来的庙。这两组建筑物以端门前庭为锁钥，和午门、天安门是有机地联系着的。在文化宫里，如果我们由下往上看，不但可以看到北面重檐的正殿巍然而起，并且可以看到午门上的五凤楼一角正成了它的西北面背景，早晚云霞，金瓦翚飞，气魄的雄伟，给人极深刻的印象。

故宫三大殿

北京城里的故宫中间，巍然崛起的三座大宫殿是整个故宫的重点，“紫禁城”内建筑的核心。以整个故宫来说，那样庄严宏伟的气魄；那样富于组织性，又富于图画美的体形风格；那样处理空间的艺术；那样的工程技术，外表轮廓，和平面布局之间的统一的整体，无可否认的，它是全世界建筑艺术的绝品，它是一组伟大的建筑杰作，它也是人类劳动创造史中放出异彩的奇迹之一。我们有充足的理由，为我们这“世界第一”而骄傲。

三大殿的前面有两段作为序幕的布局，是值得注意的。第一段，由天安门，经端门到午门，两旁长列的“千步廊”是个严肃的开端。第二段在午门与太和门之间的小广场，更是一个美丽的前奏。这里一道弧形的金水河，和河上五道白石桥，在黄瓦红墙的气氛中，北望太和门的雄劲，这个环境适当地给三殿做了心理准备。

太和、中和、保和三座殿是前后排列着同立在一个庞大而崇高的工字形白石殿基上面的。这种台基过去称“殿陛”，共高二丈，分三层，每层有刻石栏杆围绕，台上列铜鼎等。台前石阶三列，左右各一列，路上都有雕镂隐起的龙凤花纹。这样大尺度的一组建筑物，是用更宏大尺度的庭院围绕起来的。广庭气魄之大是无法形容的。庭院四周有廊屋，太和与保和两殿的左右还有对称的楼阁，和翼门，四角有小角楼。这样的布局是我国特有的传统，常见于美丽的唐宋壁画中。

三殿中，太和殿最大，也是全国最大的一个木构大殿。横阔十一间，进深五间，外有廊柱一列，全个殿内外立着八十四根大柱。殿顶是重檐的“庑殿式”瓦顶，全部用黄色的琉璃瓦，光泽灿烂，同蓝色天空相辉映。底下彩画的横额和斗栱，朱漆柱，金琐窗，同白石阶基也作了强烈的对比。这个殿建于康熙三十六年（一六九七年），已有二百五十五岁，而结构整严完好如初。内部渗金盘龙柱和上部梁枋藻井上的彩画虽稍剥落，但仍然华美动人。

中和殿在工字基台的中心，平面为正方形，宋元工字殿当中的“柱廊”竟蜕变而成了今天的亭子形的方殿。屋顶是单檐“攒尖顶”，上端用渗金圆顶为结束。此殿是清初顺治三年的原物，比太和殿又早五十余年。

保和殿立在工字形殿基的北端，东西阔九间，每间尺度又都小于太和殿，上面是“歇山式”殿顶，它是明万历的“建极殿”原物，未经破坏或重建的。至今上面童柱上还留有“建极殿”标识。它是三殿中年寿最老的，已有三百三十七年的历史。

三大殿中的两殿，一前一后，中间夹着略为低小的单位所造成的格局，是它美妙的特点。要用文字形容三殿是不可能的，而同时因环境之大，摄影镜头很难把握这三殿全部的雄姿。深刻的印象，必须亲自进到那动人的环境中，才能体会得到。

北海公园

在二百多万人口的城市中，尤其是在布局谨严，街道引直，建筑物主要都左右对称的北京城市，会有像北海这样一处水阔天空，风景如画的环境，据在城市的心脏地带，实在令人料想不到，使人惊喜。初次走过横亘在北海和中海之间的金鳌玉蝀桥的时候，望见隔水的景物，真像一幅画面，给人的印象尤为深刻。耸立在水心的琼华岛，山巅白塔，林间楼台，受晨光或夕阳的渲染，景象非凡特殊，湖岸石桥上的游人或水面小船，处处也都像在画中。池沼园林是近代城市的肺腑，借以调节气候，美化环境，休息精神；北海风景区对全市人民的健康所起的作用是无法衡量的。北海在艺术和历史方面的价值都是很突出的，但更可贵的还是在它今天回到了人民手里，成为人民的公园。

我们重视北海的历史，因为它也就是北京城历史重要的一段。它是今天的北京城的发源地。远在辽代（十一世纪初），琼华岛的地址就是一个著名的台，传说是“萧太后台”；到了金朝（十二世纪中），统治者在这里奢侈地为自己建造郊外离宫：凿大池，改台为岛，移北宋名石筑山，山巅建美丽的大殿。元忽必烈攻破中都，曾住在这里。元建都时，废中都旧城，选择了这离宫地址作为他的新城，大都皇宫的核心，称北海和中海为太液池。元的三个宫分立在两岸，水中前有“瀛洲圆殿”，就是今天的团城，北面有桥通“万岁山”，就是今天的琼华岛。岛立太液池中，气势雄壮，山巅广寒殿居高临下，可以远望西山，俯瞰全城，是忽必烈的主要宫殿，也是全城最突出的重点。明毁元三宫，建造今天的故宫以后，北海和中海的地位便不同了，也不那样重要了。统治者把两海改为游宴的庭园，称作“内苑”。广寒殿废而不用，明万历时坍塌。清初开辟南海，增修许多庭园建筑，北海北岸和东岸都有个别幽静的单位。北海面貌最显著的改变是在一六五一年，琼华岛广寒殿旧址上，建造了今天所见的西藏式白塔。岛正南半山殿堂也改为佛寺，由石阶直升上去，遥对团城。这个景象到今天已保持整整三百年了。

北海布局的艺术手法是继承宫苑创造幻想仙境的传统，所以它以琼华岛仙山楼阁的姿态为主：上面是台殿亭馆；中间有岩洞石室；北面游廊环抱，廊外有白石栏楯，长达三百公尺；中间漪澜堂，上起轩楼为远帆楼，和北岸的五龙亭隔水遥望，互见缥缈，是本着想象的仙山景物而安排的。湖心本植莲花，其间有画舫来去。北岸佛寺之外，还作小西天，又受有佛教画的影响。其它如桥亭堤岸，多少是模拟山水画意。北海的布局是有着丰富的艺术传统的。它的曲折有趣、多变化的景物，也就是它最得游人喜爱的因素。同时更因为它的水面宏阔，林岸较深，尺度大，气魄大，最适合于现代青年假期中的一切活动：划船、滑水、登高远眺，北海都有最好的条件。

天坛

天坛在北京外城正中线的东边，占地差不多四千亩，围绕着有两重红色围墙。墙内茂密参天的老柏树，远望是一片苍郁的绿荫。由这树林中高高耸出深蓝色伞形的琉璃瓦顶，它是三重檐子的圆形大殿的上部，尖端上闪耀着涂金宝顶。这是祖国一个特殊的建筑物，世界闻名的天坛祈年殿。由南方到北京来的火车，进入北京城后，车上的人都可以从车窗中见到这个景物。它是许多人对北京文物建筑最先的一个印象。

天坛是过去封建主每年祭天和祈祷丰年的地方，封建的愚民政策和迷信的产物；但它也是过去辛勤的劳动人民用血汗和智慧所创造出来的一种特殊美丽的建筑类型，今天有着无比的艺术和历史价值。

天坛的全部建筑分成简单的两组，安置在平舒开朗的环境中，外周用深深的树林围护着。南面一组主要是祭天的大坛，称做“圜丘”，和一座不大的圆殿，称“皇穹宇”。北面一组就是祈年殿和它的后殿——皇乾殿、东西配殿和前面的祈年门。这两组相距约六百公尺，有一条白石大道相联。两组之外，重要的附属建筑只有向东的“斋宫”一处。外面两周的围墙，在平面上南边一半是方的，北边一半是半圆形的。这是根据古代“天圆地方”的说法而建筑的。

圜丘是祭天的大坛，平面正圆，全部白石砌成；分三层，高约一丈六尺；最上一层直径九丈，中层十五丈，底层二十一丈。每层有石栏杆绕着，三层栏板共合成三百六十块，象征“周天三百六十度”。各层四面都有九步台阶。这座坛全部尺寸和数目都用一、三、五、七、九的“天数”或它们的倍数，是最典型的封建迷信结合的要求。但在这种苛刻条件下，智慧的劳动人民却在造形方面创造出一个艺术杰作。这座洁白如雪、重叠三层的圆坛，周围环绕着玲珑像花边般的石刻栏杆，形体是这样地美丽，它永远是个可珍贵的建筑物，点缀在祖国的地面上。

圜丘北面棂星门外是皇穹宇。这座单檐的小圆殿的作用是存放神位木牌（祭天时“请”到圜丘上面受祭，祭完送回）。最特殊的是它外面周绕的围墙，平面作成圆形，只在南面开门。墙面是精美的磨砖对缝，所以靠墙内任何一点，向墙上低声细语，他人把耳朵靠近其它任何一点，都可以清晰听到。人们都喜欢在这里做这种“声学游戏”。

祈年殿是祈谷的地方，是个圆形大殿，三重蓝色琉璃瓦檐，最上一层上安金顶。殿的建筑用内外两周的柱，每周十二根，里面更立四根“龙井柱”。圆周十二间都安格扇门，没有墙壁，庄严中呈显玲珑。这殿立在三层圆坛上，坛的样式略似圜丘而稍大。

天坛部署的规模是明嘉靖年间制定的。现存建筑中，圜丘和皇穹宇是清乾隆八年（一七四三年）所建。祈年殿在清光绪十五年雷火焚毁后，又在第二年（一八九〇年）重建。祈年门和皇乾殿是明嘉靖二十四年（一五四五年）原物。现在祈年门梁下的明代彩画是罕有的历史遗物。

颐和园

在中国历史中，城市近郊风景特别好的地方，封建主和贵族豪门等总要独霸或强占，然后再加以人工的经营来做他们的“禁苑”或私园。这些著名的御苑、离宫、名园，都是和劳动人民的血汗和智慧分不开的。他们凿了池或筑了山，建造了亭台楼阁，栽植了树木花草，布置了回廊曲径，桥梁水榭，在许许多多巧妙的经营与加工中，才把那些离宫或名园提到了高度艺术的境地。现在，这些可宝贵的祖国文化遗产，都已回到人民手里了。

北京西郊的颐和园，在著名的圆明园被帝国主义侵略军队毁了以后，是中国四千年封建历史里保存到今天的最后的一个大“御苑”。颐和园周围十三华里，园内有山有湖。倚山临湖的建筑单位大小数百，最有名的长廊，东西就长达一千几百尺，共计二百七十三间。

颐和园的湖、山基础，是经过金、元、明三朝所建设的。清朝规模最大的修建开始于乾隆十五年（一七五〇年），当时本名清漪园，山名万寿，湖名昆明。一八六〇年，清漪园和圆明园同遭英法联军毒辣的破坏。前山和西部大半被毁，只有山巅琉璃砖造的建筑和“铜亭”得免。

前山湖岸全部是光绪十四年（一八八八年）所重建。那时西太后那拉氏专政，为自己做寿，竟挪用了海军造船费来修建，改名颐和园。

颐和园规模宏大，布置错杂，我们可以分成后山、前山、东宫门、南湖和西堤等四大部分来了解它的。

第一部后山，是清漪园所遗留下的艺术面貌，精华在万寿山的北坡和坡下的苏州河。东自“赤城霞起”关口起，山势起伏，石路回转，一路在半山经“景福阁”到“智慧海”，再向西到“画中游”。一路沿山下河岸，处处苍松深郁或桃树错落，是初春清明前后游园最好的地方。山下小河（或称后湖）曲折，忽狭忽阔；沿岸摹仿江南风景，故称“苏州街”，河也名“苏州河”。正中北宫门入园后，有大石桥跨苏州河上，向南上坡是“后大庙”旧址，今称“须弥灵境”。这些地方，今天虽已剥落荒凉，但环境幽静，仍是颐和园最可爱的一部分。东边“谐趣园”是仿无锡惠山园的风格，当中荷花池，四周有水殿曲廊，极为别致。西面通到前湖的小苏州河，岸上东有“买卖街”（现已不存）①，俨如江南小镇。更西的长堤垂柳和六桥是仿杭州西湖六桥建设的。

① 买卖街1860年被英法联军烧毁，1990年在遗址上复建。

这些都是摹仿江南山水的一个系统的造园手法。

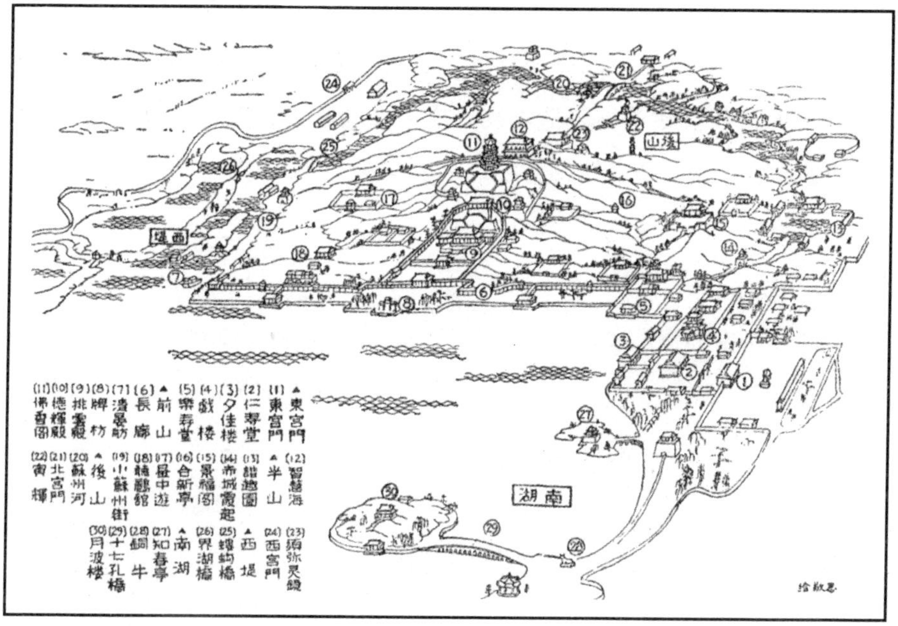

第二部前山湖岸上的布局，主要是排云殿、长廊和石舫。排云殿在南北中轴线上。这一组由临湖一座牌坊起，上到排云殿，再上到佛香阁；倚山建筑，巍然耸起，是前山的重点。佛香阁是八角钻尖顶的多层建筑物，立在高台上，是全山最高的突出点。这一组建筑的左右还有“转轮藏”和“五芳阁”等宗教建筑物。附属于前山部分的还有米山上几处别馆如“景福阁”“画中游”等。沿湖的长廊和中线成丁字形；西边长廊尽头处，湖岸转北到小苏州河，傍岸处就是著名的“石舫”，名清宴舫。前山着重侈大、堂皇富丽，和清漪园时代重视江南山水的曲折大不相同；前山的安排，是“仙山蓬岛”的格式，略如北海琼华岛，建筑物倚山层层上去，成一中轴线，以高耸的建筑物为结束。湖岸有石栏和游廊。对面湖心有远岛，以桥相通，也如北海团城。只是岛和岸的距离甚大，通到岛上的十七孔长桥，不在中线，而由东堤伸出，成为远景。

第三部是东宫门入口后的三大组主要建筑物：一是向东的仁寿殿，它是理事的大殿；二是仁寿殿北边的德和园，内中有正殿、两廊和大戏台；三是乐寿堂，在德和园之西。这是那拉氏居住的地方。堂前向南临水有石台石阶，可以由此上下船。这些建筑拥挤繁复，像城内府第，堵塞了入口，向后山和湖岸的合理路线被建筑物阻挡割裂。今天游园的人，多不知有后山，进仁寿殿或德和园之后，更有迷惑在院落中的感觉，直到出了荣寿堂西门，到了长廊，才豁然开朗，见到前面湖山。这一部分的建筑物为全园布局上的最大弱点。

第四部是南湖洲岛和西堤。岛有五处，最大的是月波楼一组，或称龙王庙，有长桥通东堤。其他小岛非船不能达。西堤由北而南成一弧线，分数段，上有六座桥。这些都是湖中的点缀，为北岸的远景。

天宁寺塔

北京广安门外的天宁寺塔，是北京城内和郊外的寺塔中完整立着的一个最古的建筑纪念物。这个塔是属于一种特殊的类型：平面作八角形，砖筑实心，外表主要分成高座、单层塔身和上面的多层密檐三部分。座是重叠的两组须弥座，每组中间有一道“束腰”，用“间柱”分成格子，每格中刻一浅龛，中有浮雕，上面用一周砖刻斗栱和栏杆，故极富于装饰性。座以上只有一单层的塔身，托在仰翻的大莲瓣上，塔身四正面有栱门，四斜面有窗，还有浮雕力神像等。塔身以上是十三层密密重叠着的瓦檐。第一层檐以上，各檐中间不露塔身，只见斗栱；檐的宽度每层缩小，逐渐向上递减，使塔的轮廓成缓和的弧线。塔顶的“刹”是佛教的象征物，本有“覆钵”和很多层“相轮”，但天宁寺塔上只有宝顶，不是一个刹，而十三层密檐本身却有了相轮的效果。

这种类型的塔，轮廓甚美，全部稳重而挺拔。层层密檐的支出使檐上的光和檐下的阴影构成一明一暗；重叠而上，和素面塔身起反衬作用，是最引人注意的宜于远望的处理方法。中间塔身略细，约束在檐以下、座以上，特别显得窈窕。座的轮廓也因有伸出和缩紧的部分，更美妙有趣。塔座是塔底部的重点，远望清晰伶俐；近望则见浮雕的花纹、走兽和人物，精致生动，又恰好收到最大的装饰效果。它是砖造建筑艺术中的极可宝贵的处理手法。

分析和比较祖国各时代各类型的塔，我们知道南北朝和隋的木塔的形状，但实物已不存。唐代遗物主要是砖塔，都是多层方塔，如西安的大雁塔和小雁塔。唐代虽有单层密檐塔，但平面为方形，且无须弥座和斗栱，如嵩山的永泰寺塔。中原山东等省以南，山西省以西，五代以后虽有八角塔，而非密檐，且无斗栱，如开封的“铁塔”。在江南，五代两宋虽有八角塔，却是多层塔身的，且塔身虽砖造，每层都用木造斗栱和木檩托檐，如苏州虎丘塔，罗汉院双塔等。检查天宁寺塔每一细节，我们今天可以确凿地断定它是辽代的实物，清代石碑中说它是“隋塔”是错误的。

这种单层密檐的八角塔只见于河北省和东北。最早有年月可考的都属于辽金时代（十一至十三世纪），如房山云居寺南塔北塔，正定青塔，通州塔，辽阳白塔寺塔等。但明清还有这形制的塔，如北京八里庄塔。从它们分布的地域和时代看来，这类型的塔显然是契丹民族（满族祖先的一支）的劳动人民和当时移居辽区的汉族匠工们所合力创造的伟绩，是他们对于祖国建筑传统的一个重大贡献。天宁寺塔经过这九百多年的考验，仍是一座完整而美丽的纪念性建筑，它是今天北京最珍贵的艺术遗产之一。

北京近郊的三座“金刚宝座塔”

——西直门外五塔寺塔、德胜门外西黄寺塔和香山碧云寺塔

北京西直门外五塔寺的大塔，形式很特殊；它是建立在一个巨大的台子上面，由五座小塔所组成的。佛教术语称这种塔为"金刚宝座塔"。它是摹仿

印度佛陀伽蓝的大塔建造的。

金刚宝座塔的图样，是一四一三年（明永乐时代）西番班迪达来中国时带来的。永乐帝朱棣，封班迪达做大国师，建立大正觉寺——即五塔寺——给他住。到了一四七三年（明成化九年）便在寺中仿照了中印度式样，建造了这座金刚宝座塔。清乾隆时代又仿照这个类型，建造了另外两座。一座就是现在德胜门外的西黄寺塔，另一座是香山碧云寺塔。这三座塔虽同属于一个格式，但每座各有很大变化，和中国其他的传统风格结合而成。它们具体地表现出祖国劳动人民灵活运用外来影响的能力，他们有大胆变化、不限制于摹仿的创造精神。在建筑上，这样主动地吸收外国影响和自己民族形式相结合的例子是极值得注意的。同时，介绍北京这三座塔并指出它们的显著的异同，也可以增加游览者对它们的认识和兴趣。

五塔寺在西郊公园北面约二百公尺。它的大台高五丈，上面立五座密檐的方塔，正中一座高十三层，四角每座高十一层。中塔的正南，阶梯出口的地方有一座两层檐的亭子，上层瓦顶是圆的。大台的最底层是个“须弥座”，座之上分五层，每层伸出小檐一周，下雕并列的佛龛，龛和龛之间刻菩萨立像。最上层是女儿墙，也就是大台的栏杆。这些上面都有雕刻，所谓“梵花、梵宝、梵字、梵像”。大台的正门有门洞，门内有阶梯藏在台身里，盘旋上去，通到台上。

这塔全部用汉白玉建造，密密地布满雕刻。石里所含铁质经过五百年的氧化，呈现出淡淡的橙黄的颜色，非常温润而美丽。过于繁琐的雕饰本是印度建筑的弱点，中国匠人却创造了自己的适当的处理。他们智慧地结合了祖国的手法特征，努力控制了凹凸深浅的重点。每层利用小檐的伸出和佛龛的深入，做成阴影较强烈的部分，其余全是极浅的浮雕花纹。这样，便纠正了一片杂乱繁缛的感觉。

西黄寺塔，也称做班禅喇嘛净化城塔，建于一七七九年。这座塔的形式和大正觉寺塔一样，也是五座小塔立在一个大台上面。所不同的，在于这五座塔本身的形式。它的中央一塔为西藏式的喇嘛塔（如北海的白塔），而它的四角小塔，却是细高的八角五层的“经幢”；并且在平面上，四小塔的座基突出于大台之外，南面还有一列石阶引至台上。中央塔的各面刻有佛像、草花和凤凰等，雕刻极为细致富丽，四个幢主要一层素面刻经，上面三层刻佛龛与莲瓣。全组呈窈窕玲珑的印象。

碧云寺塔和以上两座又都不同。它的大台共有三层，底下两层是月台，各有台阶上去。最上层做法极像五塔寺塔，刻有数层佛龛，阶梯也藏在台身内。但它上面五座塔之外，南面左右还有两座小喇嘛塔，所以共有七座塔了。

这三处仿中印度式建筑的遗物，都在北京近郊风景区内。同式样的塔，国内只有昆明官渡镇有一座，比五塔寺塔更早了几年。

鼓楼、钟楼和什刹海

北京城在整体布局上，一切都以城中央一条南北中轴线为依据。这条中轴线以永定门为南端起点，经过正阳门、天安门、午门、前三殿、后三殿、神武门、景山、地安门一系列的建筑重点，最北就结束在鼓楼和钟楼那里。北京的钟楼和鼓楼不是东西相对，而是在南北线上，一前、一后的两座高耸的建筑物。北面城墙正中不开城门，所以这条长达八公里的南北中线的北端就终止在钟楼之前。这个伟大气魄的中轴直穿城心的布局是我们祖先杰出的创造。鼓楼面向着广阔的地安门大街，地安门是它南面的“对景”，钟楼峙立在它的北面，这样三座建筑便合成一组庄严的单位，适当地作为这条中轴线的结束。

鼓楼是一座很大的建筑物，第一层雄厚的砖台，开着三个发券的门洞。上面横列五间重檐的木构殿楼，整体轮廓强调了横亘的体形。钟楼在鼓楼后面不远，是座直立耸起、全部砖石造的建筑物；下层高耸的台，每面只有一个发券门洞。台上钟亭也是每面一个发券的门。全部使人有浑雄坚实的矗立的印象。钟、鼓两楼在对比中，一横一直，形成了和谐美妙的组合。明朝初年智慧的建筑工人，和当时的“打图样”的师父们就这样朴实、大胆地创造了自己市心的立体标志，充满了中华民族特征的不平凡的风格。

钟、鼓楼西面俯瞰什刹海和后海。这两个“海”是和北京历史分不开的。它们和北海、中海、南海是一个系统的五个湖沼。十二世纪中建造“大都”的时候，北海和中海被划入宫苑（那时还没有南海），什刹海和后海留在市区内。当时有一条水道由什刹海经现在的北河沿、南河沿、六国饭店出城通到通州，衔接到运河。江南运到的粮食便在什刹海卸货，那里船帆桅杆十分热闹，它的重要性正相同于我们今天的前门车站。到了明朝，水源发生问题，水运只到东郊，什刹海才丧失了作为交通终点的身份。尤其难得的是它外面始终没有围墙把它同城区阻隔，正合乎近代最理想的市区公园的布局。

海的四周本有十座佛寺，因而得到“什刹”的名称。这十座寺早已荒废。满清末年，这里周围是茶楼、酒馆和杂耍场子等。但湖水逐渐淤塞，虽然夏季里香荷一片，而水质污秽、蚊虫孳生已威胁到人民的健康。解放后人民自己的政府首先疏浚全城水道系统，将什刹海掏深，砌了石岸，使它成为一片清澈的活水，又将西侧小湖改为可容四千人的游泳池。两年来那里已成劳动人民夏天中最喜爱的地点。垂柳倒影，隔岸可遥望钟楼和鼓楼，它已真正地成为首都的风景区。并且这个风景区还正在不断地建设中。

在全市来说，由地安门到钟、鼓楼和什刹海是城北最好的风景区的基础。现在鼓楼上面已是人民的第一文化宫，小海已是游泳池，又紧接北海。这一个美好环境，由钟、鼓楼上远眺更为动人。不但如此，首都的风景区是以湖沼为重点的，水道的连结将成为必要。什刹海若予以发展，将来可能以金水河把它同颐和园的昆明湖结连起来。那样，人们将可以在假日里从什刹海坐着小船经由美丽的西郊，直达颐和园了。

雍和宫

北京城内东北角的雍和宫，是二百十几年来北京最大的一座喇嘛寺院。喇嘛教是蒙藏两族所崇奉的宗教，但这所寺院因为建筑的宏丽和佛像雕刻等的壮观，一向都非常著名，所以浏览首都的人们，时常来到这里参观。这一组庄严的大建筑群，是过去中国建筑工人以自己传统的建筑结构技术来适应喇嘛教的需要所创造的一种宗教性的建筑类型，就如同中国工人曾以本国的传统方法和民族特征解决过回教的清真寺或基督教的礼拜堂的需要一样。这寺院的全部是一种符合特殊实际要求的艺术创造，在首都的文物建筑中间，它是不容忽视的一组建筑遗产。

雍和宫曾经是胤禛（清雍正）做王子时的府第。在一七三四年改建为喇嘛寺。

雍和宫的大布局，紧凑而有秩序，全部由南北一条中轴线贯穿着。由最南头的石牌坊起到“琉璃花门”是一条“御道”，——也像一个小广场。两旁十几排向南并列的僧房就是喇嘛们的宿舍。由琉璃花门到雍和门是一个前院，这个前院有古槐的幽荫，南部左右两角立着钟楼和鼓楼，北部左右有两座八角的重檐亭子，更北的正中就是雍和门；雍和门规模很大，才经过修缮油饰。由此北进共有三个大庭院，五座主要大殿阁。第一院正中的主要大殿称做雍和宫，它的前面中线上有碑亭一座和一个雕刻精美的铜香炉，两边配殿围绕到它后面一殿的两旁，规模极为宏壮。

全寺最值得注意的建筑物是第二院中的法轮殿，其次便是它后面的万佛楼。它们的格式都是很特殊的。法轮殿主体是七间大殿，但它的前后又各出五间“抱厦”，使平面成十字形。殿的瓦顶上面突出五个小阁，一个在正脊中间，两个在前坡的左右，两个在后坡的左右。每个小阁的瓦脊中间又立着一座喇嘛塔。由于宗教上的要求，五塔寺金刚宝座塔的型式很巧妙地这样组织到纯粹中国式的殿堂上面，成了中国建筑中一个特殊例子。

万佛楼在法轮殿后面，是两层重檐的大阁。阁内部中间有一尊五丈多高的弥勒佛大像，穿过三层楼井，佛像头部在最上一层的屋顶底下。据说这个像的全部是由一整块檀香木雕成的。更特殊的是万佛楼的左右另有两座两层的阁，从这两阁的上层用斜廊——所谓飞桥——和大阁相联系。这是敦煌唐朝画中所常见的格式，今天还有这样一座存留着，是很难得的。

雍和宫最北部的绥成殿是七间，左右楼也各是七间，都是两层的楼阁，在我们的最近建设中，我们极需要参考本国传统的楼屋风格，从这一组两层建筑物中，是可以得到许多启示的。

故宫

北京的故宫现在是首都的故宫博物院。故宫建筑的本身就是这博物院中最重要的历史文物。它综合形体上的壮丽、工程上的完美和布局上的庄严秩序，成为世界上一组最优异、最辉煌的建筑纪念物。它是我们祖国多少年来劳动人民智慧和勤劳的结晶，它有无比的历史和艺术价值。全宫由“前朝”和“内廷”两大部分组成；四周有城墙围绕，墙下是一周护城河，城四角有角楼，四面各有一门：正南是午门，门楼壮丽称五凤楼；正北称神武门；东西两门称东华门、西华门，全组统称“紫禁城”。隔河遥望红墙、黄瓦、宫阙、角楼的任何一角都是宏伟秀丽，气象万千。

前朝正中的三大殿是宫中前部的重点，阶陛三层，结构崇伟，为建筑造形的杰作。东侧是文华殿，西侧是武英殿，这两组与太和门东西并列，左右衬托，构成三殿前部的格局。

内廷是封建皇帝和他的家族居住和办公的部分。因为是所谓皇帝起居的地方，所以借重了许多严格部署的格局和外表形式上的处理来强调这独夫的“至高无上”。因此内廷的布局仍是采用左右对称的格式，并且在部署上象征天上星宿等等。例如内廷中间，乾清、坤宁两宫就是象征天地，中间过殿名交泰，就取“天地交泰”之义。乾清宫前面的东西两门名日精、月华，象征日月。后面御花园中最北一座大殿——钦安殿，内中还供奉着“玄天上帝”的牌位。故宫博物院称这部分作“中路”，它也就是前王殿中轴线的延续，也是全城中轴的一段。

“中路”两旁两条长夹道的东西，各列六个宫，每三个为一路，中间有南北夹道。这十二个宫象征十二星辰。它们后部每面有五个并列的院落，称东五所、西五所，也象征众星拱辰之义。十二宫是内宫眷属“妃嫔”“皇子”等的住所和中间的“后三殿”就是紫禁城后半部的核心。现在博物院称东西六宫等为“东殿”和“西殿”，按日轮流开放。西六宫曾经改建，储秀和翊坤两宫之间增建一殿，成了一组。长春和太极之间，也添建一殿，成为一组，格局稍变。东六宫中的延禧，曾参酌西式改建“水晶宫”而未成。

三路之外的建筑是比较不规则的。主要的有两种：一种是在中轴两侧，东西两路的南头，十二宫前面的重要宫殿。西边是养心殿一组，它正在“外朝”和“内廷”之间偏东的位置上，是封建主实际上日常起居的地方。中轴东边与它约略对称的是斋宫和奉先殿。这两组与乾清宫的关系就相等于文华、武英两殿与太和殿的关系。另一类是核心外围规模较十二宫更大的宫。这些宫是建筑给封建主的母后居住的。每组都有前殿、后寝、周围廊子、配殿、宫门等。西边有慈宁、寿康、寿安等宫。其中夹着一组佛教庙宇雨花阁，规模极大。总称为“外西路”。东边的“外东路”只有直串南北、范围巨大的宁寿宫一组。它本是玄烨（康熙）的母亲所居，后来弘历（乾隆）将政权交给儿子，自己退老住在这里曾增建了许多繁缛巧丽的亭园建筑，所以称为“乾隆花园”。它是故宫后部核心以外最特殊也最奢侈的一个建筑组群，且是清代日趋繁琐的宫廷趣味的代表作。

故宫后部虽然“千门万户”，建筑密集，但它们仍是有秩序的布局。中轴之外，东西两侧的建筑物也是以几条南北轴线为依据的。各轴线组成的建筑群以外的街道形成了细长的南北夹道。主要的东一长街和西一长街的南头就是通到外朝的“左内门”和“右内门”，它们是内廷和前朝联系的主要交通线。

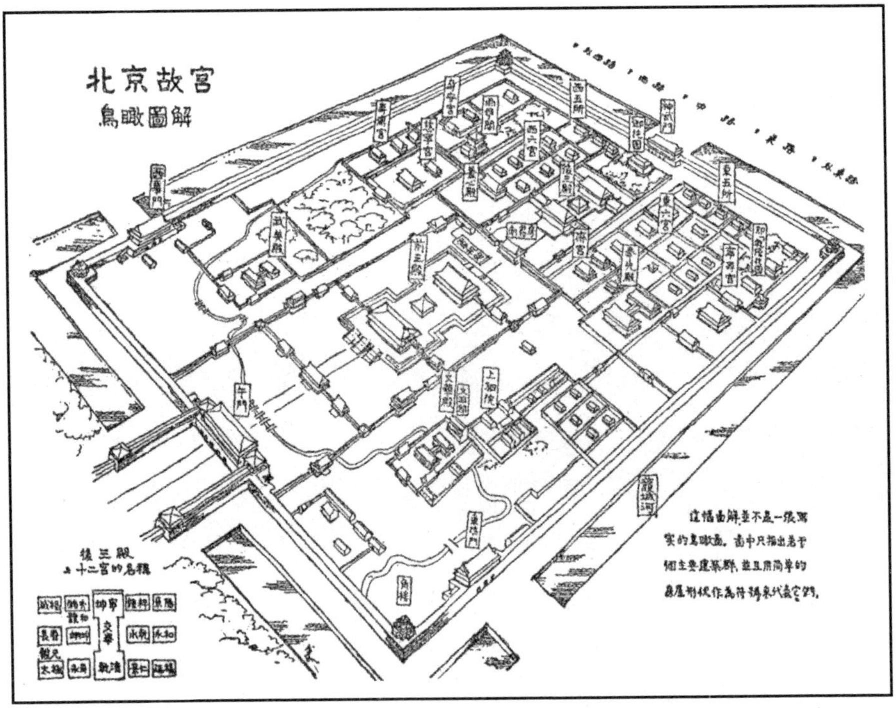

除去这些“宫”与“殿”之外，紫禁城内还有许多服务单位如上驷院、御膳房和各种库房及值班守卫之处。但威名煊赫的“南书房”和“军机处”等宰相大臣办公的地方，实际上只是乾清门旁边几间廊庑房舍。军机处还不如上驷院里一排马厩！封建帝王残酷地驱役劳动人民为他建造宫殿，养尊处优，享乐排场无所不至，而即使是对待他的军机大臣也仍如奴隶。这类事实可由故宫的建筑和布局反映出来。紫禁城全部建筑也就是最丰富的历史材料。

七　谈北京的几个文物建筑

北京是中国——乃至全世界——文物建筑最多的城市。城中极多的建筑物或是充满了历史意义，或具有高度艺术价值。现在全国人民都热爱自己的首都，而这些文物建筑又是这首都可爱的内容之一，人人对它们有浓厚的兴趣，渴望多认识多了解它们，自是意中的事。

北京的文物建筑实在是太多了，其中许多著名而已为一般人所熟悉的，这里不谈；现在笔者仅就一些著名而比较不受人注意的，和平时不著名而有特殊历史和艺术价值的提出来介绍，以引起人们对首都许多文物更大的兴趣。

还有一个事实值得我们注意的，笔者也要在此附笔告诉大家。那就是：丰富的北京历代文物建筑竟是从来没有经过专家或学术团体做过有系统的全面调查研究；现在北京的文物还如同荒山丛林一样等待我们去开发。关于许许多多文物建筑和园林名胜的历史沿革，实测图说，和照片、模型等可靠资料都极端缺乏。

在这种调查研究工作还不能有效地展开之前，我们所能知道的北京资料是极端散漫而不足的，笔者不但限于资料，也还限于自己知识的不足，所以所能介绍的文物仅是一鳞半爪，希望抛砖引玉，借此促进熟悉北京的许多人们将他们所知道的也写出来——大家来互相补充彼此对北京的认识。

注：原载于1951年8月《新观察》第3卷2期，署名：林徽因。

天安门前广场和千步廊的制度

北京的天安门广场，这个现在中国人民最重要的广场，在前此数百年中，主要只供封建帝王一年一度祭天时出入之用。一九一九年“五四”运动爆发，中国人民革命由这里开始，这才使这广场成了政治斗争中人民集中的地点。到了三十年后的十月一日中国人民伟大英明的领袖毛泽东主席在天安门城楼上向全世界昭告中华人民共和国的成立，这个广场才成了我们首都最富于意义的地点。天安门已象征着我们中华人民共和国，成为国徽中主题，在五星下放出照耀全世界的光芒，更是全国人民所热爱的标志，永在人民眼前和心中了。

这样人人所熟悉，人人所尊敬热爱的天安门广场本来无须再来介绍，但当我们提到它体型风格这方面和它形成的来历时，还有一些我们可以亲切地谈谈的。我们叙述它的过去，也可以讨论它的将来各种增建修整的方向。

这个广场的平面是作“丁”字形的。“丁”字横划中间，北面就是那楼台峋峙规模宏壮的天安门。楼是一横列九开间的大殿，上面是两层檐的黄琉璃瓦顶，檐下丹楹藻绘，这是典型的、秀丽而兼严肃的中国大建筑物的体形。上层瓦坡是用所谓“歇山造”的格式。这就是说它左右两面的瓦坡，上半截用垂直的“悬山”，下半截才用斜坡，和前后的瓦坡在斜脊处汇合。这个做法同太和殿的前后左右四个斜坡的“庑殿顶”，或称“四阿顶”的是不相同的。“庑殿顶”气魄较雄宏，“歇山顶”则较挺秀，姿势错落有致些。天安门楼台本身壮硕高大，朴实无华，中间五洞门，本有金钉朱门，近年来常年洞开，通入宫城内端门的前庭。

广场“丁”字横划的左右两端有两座砖筑的东西长安门。每座有三个券门，所以通常人们称它们为“东西三座门”。这两座建筑物是明初遗物。体型比例甚美，材质也朴实简单。明的遗物中常有纯用砖筑，饰以着色琉璃砖瓦较永远性的建筑物，这两门也就是北京明代文物中极可宝贵的。它们的体型在世界古典建筑中也应有它们的艺术地位。这两门同“丁”字直划末端中华门（也是明建的）鼎足而三，是广场的三个入口，也是天安门的两个掖卫与前哨，形成“丁”字各端头上的重点。

全场周围绕着覆着黄瓦的红墙，铺着白石的板道。此外横亘广场的北端的御河上还有五道白石桥和它们上面雕刻的栏杆，桥前有一双白石狮子，一对高达八公尺的盘龙白石华表。这些很简单的点缀物，便构成了这样一个伟大的地方。全场的配色限制在红色的壁画，黄色的琉璃瓦，带米白色的石刻和沿墙一些树木。这样以纯红、纯黄、纯白的简单的基本颜色来衬托北京蔚蓝的天空，恰恰给人以无可比拟的庄严印象。

中华门以内沿着东西墙，本来有两排长廊，约略同午门前的廊子相似，但长得多。这两排廊子正式的名称叫作“千步廊”，是皇宫前很美丽整肃的一种附属建筑。这两列千步廊在庚子年毁于侵略军队八国联军之手，后来重修的，工程恶劣，已于民国初年拆掉，所以只余现在的两道墙。如果条件成熟，将来我们整理广场东西两面建筑之时，或者还可以恢复千步廊，增建美好的两条长长的画廊，以供人民游息。廊屋内中便可布置有文化教育意义的短期变换的展览。

这所谓的千步廊是怎样产生的呢？谈起来，它的来历与发展是很有意思的。它的确是街市建设一种较晚的格式与制度，起先它是宫城同街市之间的点缀，一种小型的“绿色区”。金、元之后才被统治者拦入皇宫这一边，成为宫前禁地的一部分，而把人民拒于这区域之外。

据我们所知道的汉、唐的两京，长安和洛阳，都没有这千步廊的形制。但是至少在唐末与五代城市中商业性质的市廊却是很发展的。长列廊屋既便于存贮来往货物，前檐又可以遮蔽风雨以便行人，购售的活动便都可以得到方便。商业性质的廊屋的发展是可以理解的，它的普遍应用是由于实际作用而来。至今地名以廊为名而表示商区性质的如南京的估衣廊等等是很多的。实际上以廊为一列店肆的习惯，则在今天各县城中还可以到处看到。

当汴梁（今开封）还不是北宋的首都以前，因为隋开运河，汴河为其中流，汴梁已成了南北东西交通重要的枢纽，为一个商业繁盛的城市。南方的“粮斛百货”都经由运河入汴，可达到洛阳长安。所以是“自江淮达于河洛，舟车辐辏”而被称为雄郡。城的中心本是节度使的郡署，到了五代的梁朝将汴梁改为陪都，才创了宫殿。但这不是我们的要点，汴梁最主要的特点是有四条水道穿城而过，它的上边有许多壮美的桥梁，大的水道汴河上就有十三道桥，其次蔡河上也有十一道，所以那里又产生了所谓“河街桥市”的特殊布局。商业常集中在桥头一带。

上边说的汴州郡署的前门是正对着汴河上一道最大的桥，俗称“州桥”的。它的桥市当然也最大，郡署前街两列的廊子可能就是这种桥市。到北宋以汴梁为国都时，这一段路被称为“御街”，而两边廊屋也就随着被称为御廊，禁止人民使用了。据《东京梦华录》记载：宫门宣德门南面御街约阔三百余步，两边是御廊，本许市人买卖其间，自宋徽宗政和年号之后，官司才禁止的。并安立黑漆杈子在它前面，安朱漆杈子两行在路心，中心道不得人马通行。行人都拦在朱杈子以外，杈内有砖石砌御沟水两道，尽植莲荷，近岸植桃李梨杏杂花，“春夏之日，望之如绣”。商业性质的市廊变成“御廊”的经过，在这里便都说出来了。由全市环境的方面看来，这样地改变嘈杂商业区域成为一种约略如广场的修整美丽的风景中心，不能不算是一种市政上的改善。且人民还可以在朱杈子外任意行走，所谓御街也还不是完全的禁地。到了元宵灯节，那里更是热闹。成为大家看灯娱乐的地方。宫门宣德楼前的“御街”和“御廊”对着汴河上大州桥显然是宋东京部署上一个特色。此后历史上事实证明这样一种壮美的部署被金、元抄袭，用在北京，而由明清保持下来成为定制。

金人是文化水平远比汉族落后的游牧民族，当时以武力攻败北宋懦弱无能的皇室后，金朝的统治者便很快地要摹仿宋朝的文物制度，享受中国劳动人民所累积起来的工艺美术的精华，尤其是在建筑方面。金朝是由一一四九年起开始他们建筑的活动，迁都到了燕京，称为中都，就是今天北京的前身，在宣武门以西越出广安门之地，所谓“按图兴修宫殿”，“规模宏大”，制度“取法汴京”，就都是慕北宋的文物，蓄意要接受它的宝贵遗产与传统的具体表现。“千步廊”也就是他们所爱慕的一种建筑传统。

金的中都自内城南面天津桥以北的宣阳门起，到宫门的应天楼，东西各有廊二百余间，中间驰道宏阔，两边植柳。当时南宋的统治者曾不断遣使到“金庭”来，看到金的“规制堂皇，仪卫华整”写下不少深刻的印象。他们虽然曾用优越的口气说金的建筑殿阁崛起不合制度，但也不得不承认这些建筑“工巧无遗力”。其实那一切都是我们民族的优秀劳动人民勤劳的创造，是他们以生命与血汗换来的，真正的工作是由于“役民伕八十万，兵伕四十万”并且是“作治数年，死者不可胜计”的牺牲下做成的。当时美好的建筑都是劳动人民的果实，却被统治者所独占。北宋时代商业性的市廊改为御廊之后，还是市与宫之间的建筑，人民还可以来往其间。到了金朝，特意在宫城前东西各建二百余间，分三节，每节有一门，东向太庙，西向尚书省，北面东西转折又各有廊百余间，这样的规模，已是宫前门禁森严之地，不再是老百姓所能够在其中走动享受的地方了。

到了元的大都记载上正式的说，南门内有千步廊，可七百步，建灵星门，门内二十步许有河，河上建桥三座名周桥。汴梁时的御廊和州桥，这时才固定地称做“千步廊”和“周桥”，成为宫前的一种格式和定制，将它们从人民手中掳夺过去，附属于皇宫方面。

明清两代继续用千步廊作为宫前的附属建筑。不但午门前有千步廊到了端门，端门前东西还有千步廊两节，中间开门，通社稷坛和太庙。当一四一九年将北京城向南展拓，南面城墙由现在长安街一线南移到现在的正阳门一线上，端门之前又有天安门，它的前面才再产生规模更大而开展的两列千步廊到了中华门。这个宫前广庭的气魄更超过了宋东京的御街。

这样规模的形制当然是宫前一种壮观，但是没有经济条件是建造不起来的，所以终南宋之世，它的首都临安的宫前再没有力量继续这个美丽的传统，而只能以细沙铺成一条御路。而御廊格式反是由金、元两代传至明、清的，且给了“千步廊”这个名称。

我们日后是可能有足够条件和力量来考虑恢复并发展我们传统中所有美好的体型的。广场的两旁也是可以建造很美丽的长廊的。当这种建筑环境不被统治者所独占时，它便是市中最可爱的建筑型类之一，有益于人民的精神生活。正如层塔的峋峙，长廊的周绕也是最代表中国建筑特征的体型。用于各种建筑物之间它是既有实用，而又美丽的。

团城——古代台的实例

北海琼华岛是今日北京城的基础，在元建都以前那里是金的离宫，而元代将它作为宫城的中心，称作万寿山。北海和中海为太液池。团城是其中又特殊又重要的一部分。

元的皇宫原有三部分，除正中的“大内”外，还有兴圣宫在万寿山之正西，即今北京图书馆一带。兴圣宫之前还有隆福宫。团城在当时称为“瀛洲圆殿”，也叫仪天殿，在池中一个圆坻上。换句话说，它是一个岛，在北海与中海之间。岛的北面一桥通琼华岛（今天仍然如此），东面一桥同当时的“大内”联络，西面是木桥，长四百七十尺，通兴圣宫，中间辟一段，立柱架梁在两条船上才将两端连接起来，所以称吊桥。当皇帝去上都（察哈尔省多伦[①]附近）时，留守官则移舟断桥，以禁往来。明以后这桥已为美丽的石造的金鳌玉蛛桥所代替，而团城东边已与东岸相连，成为今日北海公园门前三座门一带地方。所以团城本是北京城内最特殊、最秀丽的一个地点。现今的委屈地位使人不易感觉到它所曾处过的中心地位。在我们今后改善道路系统时是

① 今为内蒙古自治区锡林郭勒盟多伦县。

必须加以注意的。

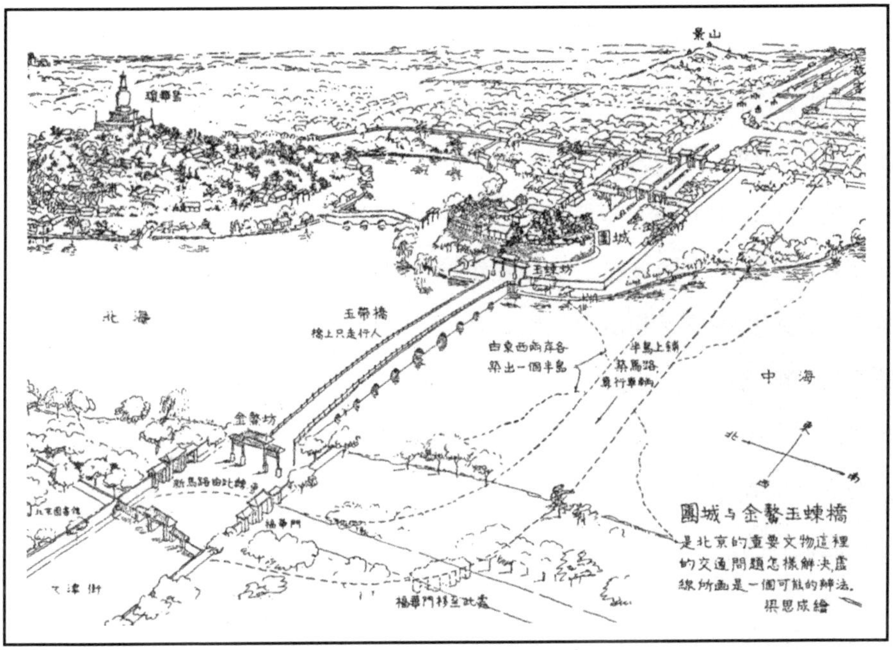

團城与金鰲玉蝀橋
是北京的重要文物這裡的交通問題怎樣解決虛線所畫是一個可能的辦法。
梁思成繪

团城之西，今日的金鳌玉蛛桥是一条美丽的石桥，正对团城，两头各立一牌楼，桥身宽度不大，横跨北海与中海之间，玲珑如画，还保有当时这地方的气氛。但团城以东，北海公园的前门与三座门间，曲折迫隘，必须加宽，给团城更好的布置，才能恢复它周围应有的衬托。到了条件更好的时候，北海公园的前门与围墙，根本可以拆除，团城与琼华岛间的原来关系，将得以更好地呈现出来。过了三座门，转北转东，到了三座门大桥的路旁，北面隈小庞杂的小店面和南面的筒子河太不相称；转南至北长街北头的路东也有小型房子阻挡风景，尤其没有道理，今后一一都应加以改善。尤其重要的，金鳌玉蛛桥虽美，它是东西城间重要交通孔道之一，桥身宽度不足以适应现代运输工具的需要条件，将来必须在桥南适当地点加一道横堤来担任车辆通行的任务，保留桥本身为行人缓步之用。堤的型式绝不能同桥梁重复，以削弱金鳌玉蛛桥驾凌湖心之感，所以必须低平和河岸略同。将来由桥上俯瞰堤面的“车马如织”，由堤上仰望桥上行人则“有如神仙中人”，也是一种奇景。我相信很多办法都可以考虑周密计划得出来的。

此外，现在团城的格式也值得我们注意。台本是中国古代建筑中极普通的类型。从周文王的灵台和春秋秦汉的许多的台，可以知道它在古代建筑中是常有的一种，而在后代就越来越少了。古代的台大多是封建统治阶级登临游宴的地方，上面多有殿堂廊庑楼阁之类，曹操的铜雀台就是杰出的一例。据作者所知，现今团城已是这种建筑遗制的唯一实例，故极为珍贵。现在上面的承光殿代替了元朝的仪天殿，是一六九〇年所重建。殿内著名的玉佛也是清代的雕刻。殿前大玉瓮则是元世祖忽必烈“特诏雕造”，本是琼华岛上广寒殿的“寿山大玉海”，殿毁后失而复得，才移此安置。这个小台是同琼华岛上的大台遥遥相对。它们的关系是很密切的，所以在下文中我们还要将琼华岛一起谈到的。

北海琼华岛白塔的前身

北海的白塔是北京最挺秀的突出点之一，为人人所常能望见的。这塔的式样属于西藏化的印度窣堵坡。元以后北方多建造这种式样。我们现在要谈的重点不是塔而是它的富于历史意义的地址。它同奠定北京城址的关系最大。

本来琼华岛上是一高台，上面建着大殿，还是一种古代台的形制。相传是辽萧太后所居，称“妆台”。换句话说，就是在辽的时代还保持着唐的传统。金朝将就这个卓越的基础和北海中海的天然湖沼风景，在此建筑有名的离宫——大宁宫。元世祖攻入燕京时破坏城区，而注意到这个美丽的地方，便住这里大台之上的殿中。

到了元筑大都，便依据这个宫苑为核心而设计的。就是上文中所已经谈到的那鼎足而立的三个宫；所谓“大内”兴圣宫和隆福宫，以北海中海的湖沼（称太液池）做这三处的中心，而又以大内为全个都城的核心。忽必烈不久就命令重建岛上大殿，名为广寒殿。上面绿荫清泉，为避暑胜地。马可波罗（意大利人）在那时到了中国，得以见到，在他的游记中曾详尽地叙述这清幽伟丽奇异的宫苑台殿，说有各处移植的奇树，殿亦作翠绿色，夏日一片清凉。

明灭元之后，曾都南京，命大臣来到北京毁元旧都。有萧洵其人随着这个“破坏使团”而来，他遍查元故宫，心里不免爱惜这样美丽的建筑精华，要遭到无情的破坏，所以一切他都记在他所著的《元故宫遗录》中。

据另一记载（《日下旧闻考》引《太岳集》）明成祖曾命勿毁广寒殿。到了万历七年（一五七九年）五月“忽自倾圮，梁上有至元通宝的金钱等。”其实那时据说瓦甓已坏，只存梁架，木料早已腐朽，危在旦夕，当然容易忽自倾圮了。

现在的白塔是清初一六五一年——即广寒殿倾圮后七十三年，在殿的旧址上建立的。距今又整整三百年了。知道了这一些发展过程，当我们遥望白塔在朝阳夕照之中时，心中也有了中国悠久历史的丰富感觉，更珍视各朝代中人民血汗所造成的种种成绩。所不同的是当时都是被帝王所占有的奢侈建设，当他们对它厌倦时又任其毁去，而从今以后，一切美好的艺术果实就都属于人民自己，而我们必尽我们的力量永远加以保护。

八　平郊建筑杂录

北平四郊近二三百年间建筑遗物极多，偶尔郊游，触目都是饶有趣味的古建。其中辽、金、元古物虽然也有，但是大部分还是明清的遗构；有的是显赫的“名胜”，有的是消沉的“痕迹”；有的按期受成群的世界游历团的赞扬，有的只偶尔受诗人们的凭吊，或画家的欣赏。

这些美的存在，在建筑审美者的眼里，都能引起特异的感觉，在“诗意”和“画意”之外，还使他感到一种“建筑意”的愉快。这也许是个狂妄的说法——但是，什么叫做“建筑意”？我们很可以找出一个比较近理的定义或解释来。

顽石会不会点头，我们不敢有所争辩，那问题怕要牵涉到物理学家，但经过大匠之手泽，年代之磋磨，有一些石头的确是会蕴含生气的。天然的材料经人的聪明建造，再受时间的洗礼，成美术与历史地理之和，使它不能不引起赏鉴者一种特殊的性灵的融会，神志的感触，这话或者可以算是说得通。

无论哪一个巍峨的古城楼，或一角倾颓的殿基的灵魂里，无形中都在诉说，乃至于歌唱，时间上漫不可信的变迁；由温雅的儿女佳话，到流血成渠的杀戮。他们所给的“意”的确是“诗”与“画”的。但是建筑师要郑重郑重的声明，那里面还有超出这“诗”“画”以外的“意”存在。眼睛在接触人的智力和生活所产生的一个结构，在光影恰恰可人中，和谐的轮廓，披着风露所赐与的层层生动的色彩；潜意识里更有“眼看他起高楼，眼看他楼塌了”

注：原载于1932年11月《中国营造学社汇刊》第3卷4期，署名：梁思成，林徽因。

凭吊兴衰的感慨；偶然更发现一片，只要一片，极精致的雕纹，一位不知名匠师的手笔，请问那时锐感，即不叫他做“建筑意”，我们也得要临时给他制造个同样狂妄的名词，是不?

建筑审美可不能势利的。大名显赫，尤其是有乾隆御笔碑石来赞扬的，并不一定便是宝贝；不见经传，湮没在人迹罕到的乱草中间的，更不一定是一位无名英雄。以貌取人或者不可，“以貌取建”却是个好态度。北平近郊可经人以貌取舍的古建筑实不在少数。摄影图录之后，或考证它的来历，或由村老传说中推测他的过往——可以成一个建筑师为古物打抱不平的事业，和比较有意思的夏假消遣。而他的报酬便是那无穷的建筑意的收获。

一　卧佛寺的平面

说起受帝国主义的压迫，再没有比卧佛寺委屈的了。卧佛寺的住持智宽和尚，前年偶同我们谈天，用“叹息痛恨于桓灵”的口气告诉我，他的先师老和尚，如何如何的与青年会订了合同，以每年一百元的租金，把寺的大部分租借了二十年，如同胶州湾、辽东半岛的条约一样。

其实这都怪那佛一觉睡几百年不醒，到了这危难的关点，还不起来给老和尚当头棒喝，使他早早觉悟，组织个佛教青年会西山消夏团。虽未必可使佛法感化了摩登青年，至少可借以繁荣了寿安山……不错，那山叫寿安山……又何至等到今年五台山些少的补助，才能修葺开始残破的庙宇呢!

我们也不必怪老和尚，也不必怪青年会，其实还应该感谢青年会。要是没有青年会，今天有几个人会知道卧佛寺那样一个山窝子里的去处。在北方——尤其是北平——上学的人，大半都到过卧佛寺。一到夏天，各地学生们，男的，女的，谁不愿意来消消夏，爬山，游水，骑驴，多么优哉游哉。据说每年夏令会总成全了许多爱人儿们的心愿，想不到睡觉的释迦牟尼，还能在梦中代行月下老人的职务，也真是佛法无边了。

从玉泉山到香山的马路，快近北辛村的地方，有条岔路忽然转北上坡的，正是引导你到卧佛寺的大道。寺是向南，一带山屏障似的围住寺的北面，所以寺后有一部分渐高，一直上了山脚。在最前面，迎着来人的，是寺的第一道牌楼，那还在一条柏荫夹道的前头。当初这牌楼是什么模样，我们大概还能想象，前人做的事虽不一定都比我们强，却是关于这牌楼大概无论如何他们要比我们大方得多。现在的这座只说他不顺眼已算十分客气，不知哪一位和尚化来的酸缘，在破碎的基上，竖了四根小柱子，上面横钉了几块板，就叫它做牌楼。这算是经济萎衰的直接表现，还是宗教力渐弱的间接表现？一时我还不能答复。

顺着两行古柏的马道上去，骤然间到了上边，才看见另外的鲜明的一座琉璃牌楼在眼前。汉白玉的须弥座，三个汉白玉的圆门洞，黄绿琉璃的柱子，横额，斗栱，檐瓦。如果你相信一个建筑师的自言自语，“那是乾嘉间的作法”。至于《日下旧闻考》所记寺前为门的如来宝塔，却已不知去向了。

琉璃牌楼之内，有一道白石桥，由半月形的小池上过去。池的北面和桥的旁边，都有精致的石栏杆，现在只余北面一半，南面的已改成洋灰抹砖栏杆。这池据说是“放生池”，里面的鱼，都是“放”的。佛寺前的池，本是佛寺的一部分，用不着我们小题大作地讲。但是池上有桥，现在虽处处可见，但它的来由却不见得十分古远。在许多寺池上，没有桥的却较占多数。至于池的半月形，也是个较近的做法，古代的池大半都是方的。池的用途多是放生，养鱼。但是刘士能先生告诉我们说南京附近有一处律宗的寺，利用山中溪水为月牙池，和尚们每斋都跪在池边吃，风雪无阻，吃完在池中洗碗。幸而卧佛寺的和尚们并不如律宗的苦行，不然放生池不唯不能放生，怕还要变成脏水坑了。

与桥正相对的是山门。山门之外，左右两旁，是钟鼓楼，从前已很破烂，今年忽然大大的修整起来。连角梁下失去的铜铎，也用二十一号的白铅铁焊上，油上红绿颜色，如同东安市场的国货玩具一样的鲜明。

山门平时是不开的，走路的人都从山门旁边的门道出入。入门之后，迎面是一座天王殿，里面供的是四天王——就是四大金刚——东西梢间各两位对面侍立，明间面南的是光肚笑嘻嘻的阿弥陀佛，面北合十站着的是韦驮。

再进去是正殿，前面是月台，月台上（在秋收的时候）铺着金黄色的老玉米，像是专替旧殿着色。正殿五间，供三位喇嘛式的佛像。据说正殿本来也有卧佛一躯，雍正还看见过，是旃檀佛像，唐太宗贞观年间的东西。却是到了乾隆年间，这位佛大概睡醒了，不知何时上哪儿去了。只剩了后殿那一位，一直睡到如今，还没有醒。

从前面牌楼一直到后殿，都是建立在一条中线上的。这个在寺的平面上并不算稀奇，罕异的却是由山门之左右，有游廊向东西，再折而向北，其间虽有方丈客室和正殿的东西配殿，但是一气连接，直到最后面又折而东西，回到后殿左右。这一周的廊，东西（连山门或后殿算上）十九间，南北（连方丈配殿算上）四十间，成一个大长方形。中间虽立着天王殿和正殿，却不像普通的庙殿，将全寺用“四合头”式前后分成几进。这是少有的。在这点上，本刊上期刘士能先生在智化寺调查记中说：“唐宋以来有伽蓝七堂之称。惟各宗略有异同，而同在一宗，复因地域环境，互相增省……”现在卧佛寺中院，除去最后的后殿外，前面各堂为数适七，虽不敢说这是七堂之例，但可借此略窥制度耳。

这种平面布置，在唐宋时代很是平常，敦煌画壁里的伽蓝都是如此布置，在日本各地也有飞鸟平安时代这种的遗例。在北平一带（别处如何未得详究），却只剩这一处唐式平面了。所以人人熟识的卧佛寺，经过许多人用帆布床“卧”过的卧佛寺游廊，是还有一点新的理由，值得游人将来重加注意的。

卧佛寺各部殿宇的立面（外观）和断面（内部结构）却都是清式中极规矩的结构，用不着细讲。至于殿前伟丽的婆罗宝树，和树下消夏的青年们所给与你的是什么复杂的感觉，那是各人的人生观问题，建筑师可以不必参加意见。事实极明显的，如东院几进宜于消夏乘凉；西院的观音堂总有人租住；堂前的方池——旧籍中无数记录的方池——现在已成了游泳池，更不必赘述或

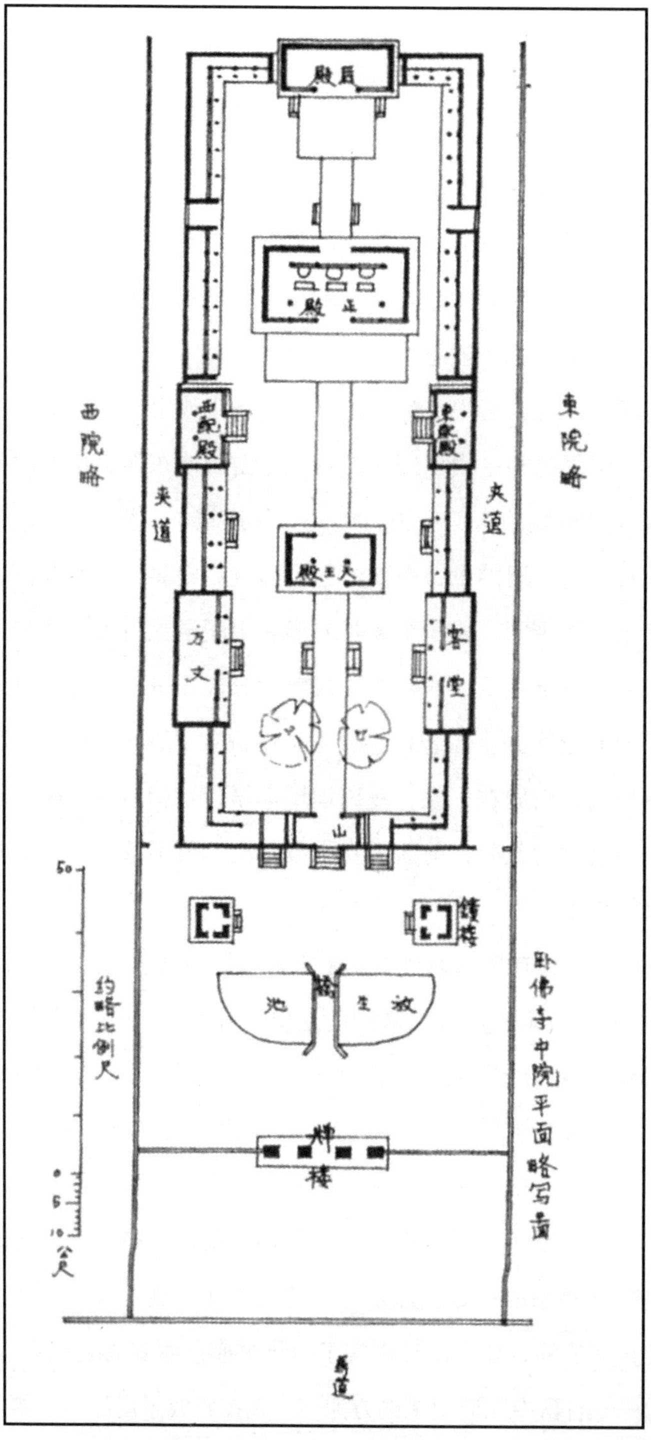
后殿
正殿
西院略
西配殿
東配殿
東院略
夹道
夹道
天王殿
方丈
客堂
钟楼
放生池
约略比例尺
50
0
5
10
公尺
卧佛寺中院平面略写畫
牌楼
马道

加任何的注解。

“凝神映性”的池水，用来作锻炼身体之用，在青年会道德观之下，自成道理——没有康健的身体，焉能有康健的精神？——或许！或许！但怕池中的微生物杂菌不甚懂事。

池的四周原有精美的白石栏杆，已拆下叠成台阶，做游人下池的路。不知趣的，容易伤感的建筑师，看了又一阵心酸。其实这不算稀奇，中世纪的教皇们不是把古罗马时代的庙宇当石矿用，采取那石头去修“上帝的房子”吗？这台阶——栏杆——或也不过是将原来离经叛道“崇拜偶像者”的迷信废物，拿去为上帝人道尽义务。“保存古物”，在许多人听去当是一句迂腐的废话。“这年头！这年头！”每个时代都有些人在没奈何时，喊着这句话出出气。

二　法海寺门与原先的居庸关①

法海寺在香山之南，香山通八大处马路的西边不远。一个很小的山寺，谁也不会上那里去游览的。寺的本身在山坡上，寺门却在寺前一里多远山坡底下。坐汽车走过那一带的人，怕绝对不会看见法海寺门一类无系轻重的东西的。骑驴或走路的人，也很难得注意到在山谷碎石堆那一点小建筑物。尤其是由远处看，它的颜色和背景非常相似。因此看见过法海寺门的人我敢相信一定不多。

特别留意到这寺门的人，却必定有。因为这寺门的形式是与寻常的极不相同：有圆栱门洞的城楼模样，上边却顶着一座喇嘛式的塔——一个缩小的北海白塔。这奇特的形式，不是中国建筑里所常见。

这圆栱门洞是石砌的。东面门额上题着“敕赐法海禅寺”，旁边陪着一行“顺治十七年夏月吉日”的小字。西面额上题着三种文字，其中看得懂的中文是“唵巴得摩乌室尼渴毕麻列吽登吒”，其他两种或是满蒙各占其一个。走路

---

① 所指居庸关，为居庸关云台，为元代一座过街塔的塔座。

到这门下，疲乏之余，读完这一行题字也就觉得轻松许多！

门洞里还有隐约的画壁，顶上一部分居然还勉强剩出一点颜色来。由门洞西望，不远便是一座石桥，微栱的架过一道山沟，接着一条山道直通到山坡上寺的本身。

门上那座塔的平面略似十字形而较复杂。立面分多层，中间束腰石色较白，刻着生猛的浮雕狮子。在束腰上枋以上，各层重叠像阶级，每级每面有三尊佛像。每尊佛像带着背光，成一浮雕薄片，周围有极精致的琉璃边框。像脸不带色釉，眉目口鼻均伶俐秀美，全脸大不及寸余。座上便是塔的圆肚，塔肚四面四个浅龛，中间坐着浮雕造像，刻工甚俊。龛边亦有细刻。更上是相轮（或称刹），刹座刻做莲瓣，外廓微作盆形，底下还有小方十字座。最顶尖上有仰月的教徽。仰月徽去夏还完好，今秋已掉下。据乡人说是八月间大风雨吹掉的，这塔的破坏于是又进了一步。

这座小小带塔的寺门，除门洞上面一围砖栏杆外，完全是石造的。这在中国又是个少有的例。现在塔座上斜长着一棵古劲的柏树，为塔门增了不少的苍姿，更像是做他的年代的保证。为塔门保存计，这种古树似要移去的。怜惜古建的人到了这里真是彷徨不知所措；好在在古物保存如许不周到的中国，这优虑未免神经过敏！

法海寺门特点却并不在上述诸点，石造及其年代等等，主要的却是他的式样与原先的居庸关相类似。从前居庸关上本有一座塔的，但因倾颓已久，无从考其形状。不想在平郊竟有这样一个发现。虽然在《日下旧闻考》里法海寺只占了两行不重要的位置；一句轻淡的“门上有小塔”，在研究居庸关原状的立脚点看来，却要算个重要的材料了。

三　杏子口的三个石佛龛

由八大处向香山走，出来不过三四里，马路便由一处山口里开过。在山口路转第一个大弯，向下直趋的地方，马路旁边，微偻的山坡上，有两座小小的石亭。其实也无所谓石亭，简直就是两座小石佛龛。两座石龛的大小稍稍不同，而它们的背面却同是不客气的向着马路。因为它们的前面全是向南，朝着另一个山口——那原来的杏子口。

在没有马路的时代，这地方才不愧称做山口。在深入三四十尺的山沟中，一道唯一的蜿蜒险狭的出路；两旁对峙着两堆山，一出口则豁然开朗一片平原田壤，海似的平铺着，远处浮出同孤岛一般的玉泉山，托住山塔。这杏子口的确有小规模的“一夫当关，万夫莫敌”的特异形势。两石佛龛既据住北坡的顶上，对面南坡上也立着一座北向的，相似的石龛，朝着这山口。由石峡底下的杏子口往上看，这三座石龛分峙两崖，虽然很小，却顶着一种超然的庄严，镶在碧澄澄的天空里，给辛苦的行人一种神异的快感和美感。

现时的马路是在北坡两龛背后绕着过去，直趋下山。因其逼近两龛，所以驰车过此地的人，绝对要看到这两个特别的石亭子的。但是同时因为这山路危趋的形势，无论是由香山西行，还是从八大处东去，谁都不愿冒险停住快驶的汽车去细看这么几个石佛龛子。于是多数的过路车客，全都遏制住好奇爱古的心，冲过去便算了。

假若作者是个细看过这石龛的人，那是因为他是例外，遏止不住他的好奇爱古的心，在冲过便算了不知多少次以后发誓要停下来看一次的。那一次也就不算过路，却是带着照相机去专程拜谒；且将车驶过那危险的山路停下，又步行到龛前后去瞻仰丰采的。

在龛前，高高的往下望着那刻着几百年车辙的杏子口石路，看一个小泥人大小的农人挑着担过去，又一个带朵鬓花的老婆子，夹着黄色包袱，弯着背慢慢的踱过来，才能明白这三座石龛本来的使命。如果这石龛能够说话，他们或不能告诉得完他们所看过经过杏子口底下的图画——那时一串骆驼正在一个跟着一个的，穿出杏子口转下一个斜坡。

北坡上这两座佛龛是并立在一个小台基上，它们的结构都是由几片青石片合成——（每面墙是一整片，南面有门洞，屋顶每层檐一片）。西边那座龛较大，平面约一米余见方，高约二米。重檐，上层檐四角微微翘起，值得注意。东面墙上有历代的刻字，跑着的马，人脸的正面等等。其中有几个年月人名，较古的有“承安五年四月廿三日到此”，和“至元九年六月十五日□□□贾智记”。承安是金章宗年号，五年是公元一二〇〇年。至元九年是元世祖的年号，元顺帝的至元到六年就改元了，所以是公元一二七二年。这小小的佛龛，至迟也是金代遗物，居然在杏子口受了七百多年以上的风雨，依然存在。当时巍然顶在杏子口北崖上的神气，现在被煞风景的马路贬到盘坐路旁的谦抑；但它们的老资格却并不因此减损，那种倚老卖老的倔强，差不多是傲慢冥顽了。西面墙上有古拙的画——佛像和马——那佛像的样子，骤看竟像美洲土人的 Totain-Pole。

龛内有一尊无头趺坐的佛像，虽像身已裂，但是流丽的衣褶纹，还有“南宋期”的遗风。

台基上东边的一座较小，只有单檐，墙上也没字画。龛内有小小无头像一躯，大概是清代补作的。这两座都有苍绿的颜色。

台基前面有宽二米长四米余的月台，上面的面积勉强可以叩拜佛像。

南崖上只有一座佛龛，大小与北崖上小的那座一样。三面做墙的石片，已成纯厚的深黄色，像纯美的烟叶，西面刻着双钩的“南”字，南面“无”字，东面“佛”字，都是径约八分米。北面开门，里面的佛像已经失了。

这三座小龛，虽不能说是真正的建筑遗物，也可以说是与建筑有关的小品。不止诗意画意都很充足，“建筑意”更是丰富，实在值得停车一览。至于走下山坡到原来的杏子口里往上真真瞻仰这三龛本来庄严峻立的形势，更是值得。

关于北平掌故的书里，还未曾发现有关于这三座石佛龛的记载。好在对于他们年代的审定，因有墙上的刻字，已没有什么难题。所可惜的是他们渺茫的历史无从参考出来，为我们的研究增些趣味。

第三编

九　由天宁寺谈到建筑年代之鉴别问题

一年来，我们在内地各处跑了些路，反倒和北平生疏了许多，近郊虽近，在我们心里却像远了一些，北平广安门外天宁寺塔的研究的初稿竟然原封未动，许多地方竟未再去图影实测，一年半前所关怀的平郊胜迹，那许多美丽的塔影，城角，小楼，残碣于是全都淡淡的，委屈的在角落初稿中尽睡着下去。

我们想国内爱好美术古迹的人日渐增加，爱慕北平名胜者更是不知凡几，或许对于如何鉴别一个建筑物的年代也常有人感到兴趣，我们这篇讨论天宁寺塔的文字或可供研究者的参考。

关于天宁寺塔建造的年代，据一般人的传说及康熙乾隆的碑记，多不负责的指为隋建，但依塔的式样来做实物的比较，将全塔上下各部逐件指点出来，与各时代其它砖塔对比，再由多面引证反证所有关于这塔的文献，谁也可以明白这塔之绝对不能是隋代原物。

国内隋唐遗建，纯木者尚未得见，砖石者亦大罕贵，但因其为佛教全盛时代，常留大规模的图画雕刻散迹于各处，如敦煌云岗龙门等等，其艺术作风，建筑规模，或花纹手法，则又为研究美术者所熟审。宋辽以后遗物虽有不载朝代年月的，可考者终是较多，且同时代，同式样，同一作风的遗物亦较繁伙，互相印证比较容易。故前人泥于可疑的文献，相传某物为某代原物

注：原载于1935年《中国营造学社汇刊》第5卷4期，署名：梁思成、林徽因。

的，今日均不难以实物比较方法，用科学考据态度，重新探讨，辩证其确实时代。这本为今日治史及考古者最重要亦最有趣的工作。

我们的《平郊建筑杂录》，本预定不录无自己图影或测绘的古迹，且均附游记，但是这次不得不例外。原因是《艺术周刊》已预告我们的文章一篇，一时因图片关系交不了卷，近日这天宁寺又尽在我们心里欠伸活动，再也不肯在稿件中间继续睡眠状态，所以决意不待细测全塔，先将对天宁寺简略的考证及鉴定，提早写出，聊作我们对于鉴别建筑年代方法程序的意见，以供同好者的参考。希望各处专家读者给以指正。

广安门外天宁寺塔，是属于那种特殊形式，研究塔者常直称其为“天宁式”的，因为此类塔散见于北方各地，自成一派，天宁则又是其中规模最大者。此塔不仅是北平近郊古建遗迹之一，且是历来传说中颇多认为隋朝建造的实物。但其塔型显然为辽金最普通的式样，细部手法亦均未出宋辽规制范围，关于塔之文献方面材料又全属于可疑一类，直至清代碑记，及《冷然志》,《顺天府志》等，始以坚确口气直称其为隋建。传说塔最上一层南面有碑，关于其建造年代，将来或可找到确证，今姑分文献材料及实物作风两方面而讨论之。讨论之前，先略述今塔的形状如下。

简略的说，塔的平面为八角形，立面显著的分三部：一、繁复之塔座，二、较塔座略细之第一层塔身，三、以上十二层支出的密檐。全塔砖造高五七.八〇公尺，合国尺十七丈有奇。

塔建于一方形大平台之上，平台之上始立八角形塔座。座甚高，最下一部为须弥座，其“束腰”有“壶门”花饰，转角有浮雕像。此上又有镂刻着壶门浮雕之束腰一道。最上一部为勾栏斗栱俱全之“平座”一围，阑上承三层仰翻莲瓣。

微细的第一层塔身立于仰莲之上，其高度几等于整个塔座，四面有栱门及浮雕像，其他四面又各有直棂窗及浮雕像。此段塔身与其上十三层密檐是划然成塔座以上的两个不同部分，十三层密檐中，最下一层是属于这第一层塔身的，出檐稍远，檐下斗栱亦与上层稍稍不同。

上部十二层，每层仅有出檐及斗栱，各层重叠不露塔身。宽度则每层向上递减，递减率且向上增加，使塔外廓作缓和之“卷杀”。

塔各层出檐不远，檐下均施“双抄斗栱”。塔的转角为立柱，故其主要的“柱头铺作”，亦即为其“转角铺作”。在上十二层两转角间均用“补间铺作”两朵。惟有第一层只用补间铺作一朵。第一层斗栱与上各层做法不同之处在转角及补间均加用“斜栱”一道。

塔顶无刹，用两层八角仰莲上托小须弥座，座承宝珠。塔纯为砖造，内心并无梯级可登。

历来关于天宁寺的文献，《日下旧闻考》中，殆已搜集无遗，共计集有《神州塔传》，《续高僧传》，《广宏明集》，《帝京景物略》，《长安客话》，《析津日记》，《隩志》，《艮斋笔记》，《明典汇》，《冷然志》，及其他关于这塔的记载，以及乾隆重修天宁寺碑文及各处许多的题诗（惟康熙天宁寺《礼塔碑记》并未在内）。所收材料虽多，但关于现存砖塔建造的年代，则除却年代最后一个乾隆碑之外，综前代的文献中，无一句有确实性的明文记载。

不过《顺天府志》将《日下旧闻考》所集的各种记述，竟然自由草率的综合起来，以确定的语气说“寺为元魏所造，隋为宏业，唐为天王，金为大万安，寺当元末兵火荡尽，明初重修，宣德改曰天宁，正统更名广善戒坛，后复今名，……寺内隋塔高二十七丈五尺五寸……”等。

按《日下旧闻考》中诸文多重复抄袭及迷信传述，有朝代年月，及实物之记载的，有下列重要的几段。

（一）《神州塔传》:“隋仁寿间幽州宏业寺建塔藏舍利。”此书在文献中年代大概最早，但传中并未有丝毫关于塔身形状材料位置之记述，故此段建塔的记载，与现存砖塔的关系完全是疑问的。仁寿间宏业寺建塔，藏舍利，并不见得就是今天立着的天宁寺塔，这是很明显的。

（二）《续高僧传》:“仁寿下敕召送舍利于幽州宏业寺，即元魏孝文之所造，旧号光林……自开皇末，舍利到前，山恒倾摇……及安塔竟，山动自息。……”

《续高僧传》，唐时书，亦为集中早代文献之一。按此在隋开皇中“安塔”，但其关系与今塔如何则仍然是疑问的。

（三）《广宏明集》：“仁寿二年分布舍利五十一州，建立灵塔。幽州表云，三月二十六日，于宏业寺安置舍利，……”

这段与上两项一样的与今塔之关系无甚把握。

（四）《帝京景物略》：“隋文帝遇阿罗汉授舍利一囊……乃以七宝函致雍岐等十三州建一塔，天宁寺其一也，塔高十三寻，四周缀铎万计，……塔前一幢，书体遒美，开皇中立。”

这是一部明末的书，距隋已隔许多朝代。在这里我们第一次见到隋文帝建塔藏舍利的历史与天宁寺塔串成一起的记载。据文中所述高十三寻缀铎的塔，已似今存之塔，但这高十三寻缀铎的塔，是否即隋文帝所建，则仍无根据。

此书行世为明末，明代以前有元，元前金，金前辽，辽前五代及唐，除唐以外，辽金元对此塔既无记载，隋文帝之塔，本可几经建造而不为此明末作者所识。且六朝及早唐之塔多木构，如《洛阳伽蓝记》所述之“胡太后塔”及日本现存之京都法隆寺塔，我们所见的邓州大兴国寺，仁寿二年的舍利宝塔下铭，铭石为圆形的，大约即是埋在木塔之“塔心柱”下那块圆础底下的，使我们疑心仁寿分布诸州之舍利塔均为隋时最普遍之木塔。至于开皇石幢，据《析津日记》（亦明代书）所载，则早已失所在。

（五）《析津日记》：“寺在元魏为光林，在隋为宏业：在唐为天王，在金为大万安，宣德修之曰天宁，正统中修之曰万寿，戒坛，名凡数易。访其碑记，开皇石幢已失所在，即金元旧碣亦无片石矣。盖此寺本名宏业，而王元美谓幽州无宏业，刘同人谓天宁之先不为宏业，皆考之不审也。”

《析津日记》与《帝京景物略》同为明书，但其所载“天宁之先不为宏业”，及“考之不审也”，这种疑问态度与《帝京景物略》之武断恰恰相反，且作者“访其碑记”要寻“金元旧碣”，对于考据之慎重亦与“景物略”不同。

（六）《陕志》，不知明代何时书，似乎较以上两书稍早。文中：“天王寺之更名天宁也，宣德十年事也；今塔下有碑勒更名敕，碑阴则正统十年刊行藏经敕也。碑后有尊胜陀罗尼石幢，辽重熙十七年五月立。”

此段记载，性质确实之外，还有个可注意之点，即辽重熙年号及刻有此年号之实物，在此轻轻提到，至少可以证明两桩事：一、辽代对于此塔亦有过建设或增益，二、此段历史完全不见记载，乃至于完全失传。

（七）《长安客话》：“寺当元末兵火荡尽；文皇在潜邸命所司重修。姚广孝曾居焉。宣德间敕更今名。”这段所记“寺当元末兵火荡尽”，因下文重修及“姚广孝曾居焉”等语气，灾祸似乎仅限于寺院，不及于塔。如果塔亦荡尽，文皇（成祖）重修时岂不还要重建塔？且《长安客话》距元末，至少已两百年，兵火之后的光景，那作者并不甚了了，他的注意处在夸扬文皇在潜邸重修的事耳。但事实如何，单借文献，实在无法下断语。

（八）《冷然志》，书的时代既晚，长篇的描写对于塔的神话式来源又已取坚信态度，更不足凭信。不过这里认塔前传有开皇幢，为辽重熙幢之误，可注意。

关于天宁寺的文献，完全限于此种疑问式的短段记载。至于康熙乾隆长篇的碑文，虽然说得天花乱坠，对于天宁寺过去的历史似乎非常明白，毫无疑问之处，但其所根据，也只是限于我们今日所知道的一把疑云般的不完全的文献材料，其确实性根本不能成立。且综以上文献看来，唐以后关于塔只有明末清初的记载，中间要紧的各朝代经过，除金大定易名大万安禅寺外，并无一点记述，今塔的真实历史在文献上实无可考。

文献资料既如上述的不完全，不可靠，我们惟有在形式上鉴定其年代。这种鉴别法，完全赖观察及比较工作所得的经验，如同鉴定字画金石陶瓷的年代及真伪一样，虽有许多为绝对的，且可以用文字笔墨形容之点，也有一些是较难，乃至不能言传的，只好等观者由经验去意会。

其可以言传之点，我们可以分作两大类去观察：（一）整个建筑物之形式也可以说是图案之概念；（二）建筑各部之手法或作风。

关于图案概念一点，我们可以分作平面（plan）及立面（elevation）讨论。唐以前的塔，我们所知道的，平面差不多全作正方形。实物如西安大雁塔，小雁塔，玄奘塔，香积寺塔，嵩山永泰寺塔及房山云居寺四个小石塔……河南山东无数唐代或以前高僧墓塔，如山东神通寺四门塔，灵岩寺法定塔，嵩山少林寺法玩塔……等等等等。刻绘如云冈龙门石刻，敦煌壁画等等，平面都是作正方形的。我们所知的惟一的例外，在唐以前的，惟有嵩山嵩岳寺塔平面作十二角形，这十二角形平面，不惟在唐以前是例外，就是在唐以后，也没有第二个，所以它是个例外之最特殊者，是中国建筑史中之独例。除此以外，则直到中唐或晚唐，方有非正方形平面的八角形塔出现，这个罕贵的遗物即嵩山会善寺净藏禅师塔。按禅师于天宝五年圆寂，这塔的兴建，绝不会在这年以前，这塔短稳古拙亦是孤例，而比这塔还古的八角形平面塔，除去天宁寺——假设它是隋建的话——别处还未得见过。在我们今日，觉得塔的平面或作方形，或作多角形，没甚奇特。但是一个时代的作者，大多数跳不出他本时代盛行的作风或规律以外的——建筑物尤甚——所以生在塔平面作方形的时代，能做出一个平面不作方形的塔来，是极罕有的事。

至于立面方面，我们请先看塔全个的轮廓及这轮廓之所以型成。天宁寺的塔，是在一个基坛之上立须弥座，须弥座上立极高的第一层，第一层以上有多层密而扁的檐的。这种第一层高，以上多层扁矮的塔，最古的例当然是那十二角形嵩山嵩岳寺塔，但除它而外，是须到唐开元以后才见有那类似的做法，如房山云居寺四小石塔。在初唐期间，砖塔的做法，多如大雁塔一类各层均等递减的。但是我们须注意，唐以前的这类上段多层密檐塔，不惟是平面全作方形而且第一层之下无须弥座等等雕饰，且上层各檐是用砖层层垒出，不施斗栱，其所呈的外表，完全是两样的。

由平面及轮廓看来，已略可证明天宁寺塔，为隋代所建之绝不可能，因为唐以前的建筑师就根本没有这种塔的观念。

至于建筑各部的手法作风，更可以辅助着图案概念方面不足的证据，而且往往更可靠，更易于鉴别。建筑各部构材，在中国建筑中占位置最重要的，莫过于斗栱。斗栱演变的沿革，差不多就可以说是中国建筑结构法演变史。在看多了的人，差不多只须一看斗栱，对一座建筑物的年代，便有七八分把握。砖塔石塔之用斗栱，据我们所知道的，是由简而繁。最古的例如北周神通寺四门塔及东魏嵩岳寺十二角十五层塔，都没有斗栱。次古的如西安大雁塔及香积寺砖塔，皆属初唐物，只用斗而无栱。与之略同时或略后者如西安兴教寺玄奘塔则用简单的一斗三升交蚂蚱头在柱头上。直至会善寺净藏塔，我们始得见简单人字栱的补间铺作。神通寺龙虎塔建于唐末，只用双抄偷心华栱。真正用砖石来完全模仿成朵复杂的斗栱的，至五代宋初始见，其中如我们所见许多的“天宁式”塔。其中年代正确的有辽天庆七年的房山云居寺南塔，金大定二十五年的正定临济寺青塔。还有蓟县白塔，正定清塔等等，在那时候还有许多砖塔的斗栱是木质的，如杭州雷峰塔保俶塔六和塔等等。

天宁寺塔的斗栱，最下层平坐，用华栱两跳偷心，补间铺作多至三朵。主要的第一层，斗栱出两跳华栱，角柱上的转角铺作，在大斗之旁，用附角斗，补间铺作一朵，用四十五度斜栱。这两个特点，都与大同善化寺金代的三圣殿相同。第二层以上，则每面用补间铺作两朵；补间铺作之繁重，亦与转角铺作相埒，都是出华栱两跳，第二跳偷心的。就我们所知，唐以前的建筑，不惟没有用补间铺作两朵的，而且虽用一朵，亦只极简单，纯处于辅材的地位的直斗或人字栱等而已。就斗栱看来，这塔是绝对不能早过辽宋时代的。

承托斗栱的柱额，亦极清楚的表示它的年代。我们只须一看年代确定的唐塔或六朝塔，凡是用倚柱（engoged column）的，如嵩岳寺塔，玄奘塔，净藏塔，都用八角形（或六角？）柱，虽然有一两个用扁柱（pilaster）的，如大雁塔，却是显然不模仿圆或角柱形。圆形倚柱之用在砖塔，唐以前虽然不能定其必没有，而唐以后始盛行。天宁寺塔的柱，是圆的。这圆柱之上，有额枋，额枋在角柱上出头处，斫齐如辽建中所常见，蓟县独乐寺，大同下华岩寺都有如此的做法。额枋上的普拍枋，更令人疑它年代之不能很古，因为唐以前的建筑，十之八九不用普拍枋，上文所举之许多例，率皆如此。但自宋辽以后，普拍枋已占了重要位置。这额枋与普拍枋，虽非绝对证据，但亦表示结构是辽金以后而又早于元时的极高可能性。

在天宁寺塔的四正面有圆栱门，四隅面有直棂窗。这诚然都是古制，尤其直棂窗，那是宋以后所少用。但是圆门券上，不用火焰形券饰，与大多数唐代及以前佛教遗物异其趣旨。虽然，其上浮雕璎珞宝盖略作火焰形，疑原物或照古制，为重修时所改。至于门扇上的菱花格棂，则尤非宋以前所曾见，唐五代砖石各塔的门及敦煌画壁中我们所见的都是钉门钉的板门。

栏杆的做法，又予我们以一个更狭的年代范围。现在常见的明清栏杆，都是每两栏板之间立一望柱的。宋元以前，只在每面转角处立望柱而“寻杖”特长。天宁寺塔便是如此，这可以证明它是明代以前的形制。这种的栏杆，均用斗子蜀柱。分隔各栏板，不用明清式的荷叶墩。我们所知道的辽金塔，斗子蜀柱都做得非常清楚，但这塔已将原形失去，斗子与柱之间，只马马虎虎的用两道线条表示，想是后世重修时所改。至于栏板上的几何形花纹，已不用六朝隋唐所必用的特种卐字纹，而代以较复杂者。与蓟县独乐寺观音阁内栏板及大同华岩寺壁藏上栏板相同。凡此种种，莫不倾向着辽金原形而又经明清重修的表示。

平坐斗栱之下，更有间柱及壶门。间柱的位置，与斗栱不相对，其上力神像当在下文讨论。壶门的形式及其起线，软弱柔圆，不必说没有丝毫六朝刚强的劲儿，就是与我们所习见的宋代扁桃式壶门也还比不上其健稳。我们的推论，也以为是明清重修的结果。

至于承托这整个塔的须弥座，则上枋之下用枭混（cymarecta），而我们所见过的须弥座，自云冈龙门以至辽宋遗物，无一不是层层方角叠出间或用四十五度斜角线者。枭混之用，最早也过不了五代末期，若说到隋，那更是绝不可能的事。

关于雕刻，在第一主层上，夹门立天王，夹窗立菩萨，窗上有飞天，不必“从事美术十余年”，只要将中国历代雕刻遗物略看一遍，便可定其大略的年代。由北魏到隋唐的佛像飞天，到宋辽塑像画壁，到元明清塑刻，刀法笔意及布局姿势，莫不清清楚楚的可以顺着源流鉴别的。若必欲与隋唐的比较，则山东青州云门山，山西天龙山，河南龙门，都有不少的石刻。这些相距千里的约略同时的遗作，都有几个或许多个共同之点，而绝非天宁寺塔像所有。隋代石刻，虽在中国佛教美术中算是较早期的作品，但已将南北朝时所含的健陀罗风味摆脱得一干二净，而自成一种淳朴古拙的气息。若在天宁寺塔上看出健陀罗作风来的岂不是“白春见鬼”了么?

至于平坐以下的力神，狮子，和垫栱板上的卷草西番莲一类的花纹，就想勉强说它是辽金的作品，还不甚够资格，恐怕仍是经过明清照原样修补的，哪来的唐人作风？虽然各像衣褶，仍较清全盛时单纯静美，无后代繁褥云朵及俗气逼人的飘带。但窗棂上部之飞仙已类似后来常见之童子，与隋唐那些脱尽人间烟火气的飞天，岂能混做一谈。

综上所述，我们可以断定天宁寺塔绝对不是隋宏业寺的原塔。而在年代确定的砖塔中，有房山云居寺辽代南塔与之最相似，此外确为辽金而年代未经记明的塔如云居寺北塔，通州塔及辽宁境内许多的砖塔式样手法都与之相仿佛。正定临济寺金大定二十五年的青塔也与之相似，但较之稍清秀。

与之采同式而年代较后者有安阳天宁寺八角五层砖塔，虽无正确的文献纪其年代，但是各部作风纯是元代法式。

北平八里庄慈寿寺塔，建于明万历四年，据说是照天宁寺塔建筑的，但是细查其各部，则斗栱，檐椽，额枋，普拍枋（清称平板枋），券门，券窗，格棂如意头，莲瓣栏杆（望柱极密），平坐枭混，圭脚——由顶至踵，无一不是明清官式则例。所以天宁寺塔之年代，在这许多类似砖塔中比较起来，我们可暂时假定它与云居寺南塔时代约略相同，是辽末（十二世纪初期）的作品，较之细瘦之通州塔及正定临济寺青塔稍早，而其细部或有极晚之重修。在未得到文献方面更确实证据之前，我们的鉴定只能如此了。

我们希望“从事美术”的同志们对于史料之选择及鉴别，须十分慎重，对于实物制度作风之认识尤绝不可少，单凭一座乾隆碑追述往事，便认为确实史料，则未免太不认真，以前的皇帝考古家尽可以自由浪漫的记述，在民国二十四年以后一个老百姓美术家说句话都得负得起责任的，除非我们根本放弃做现代国家的国民的权利。

最后我们要向天宁寺塔赔罪，因为辩证它的建造年代，我们竟不及提到塔之现状，其美丽处，如其隆重的权衡，淳和的色斑，及其他细部上许多意外的美点，不过无论如何天宁寺塔也绝不会因其建造时代之被证实，而减损其本身任何的价值的。喜欢写生者只要不以隋代古建唐人作风目之，此塔则仍是可写生的极好题材。

十　晋汾古建筑预查纪略

去夏乘暑假之便，作晋汾之游。汾阳城外峪道河，为山右绝好消夏的去处；地据白彪山麓，因神头有“马跑神泉”，自从宋太宗的骏骑蹄下踢出甘泉，救了干渴的三军，这泉水便没有停流过，千年来为沿溪数十家磨坊供给原动力，直至电气磨机在平遥创立了山西面粉业的中心，这源源清流始闲散的单剩曲折的画意。辘辘轮声既然消寂下来，而空静的磨坊，便也成了许多洋人避暑的别墅。

说起来中国人避暑的地方，哪一处不是洋人开的天地，北戴河，牯岭，莫干山……所以峪道河也不是例外。其实去年在峪道河避暑的，除去一位娶英籍太太的教授和我们外，全体都是山西内地传教的洋人，还不能说是中国人避暑的地方呢。在那短短的十几天，令人大有“人何寥落”之感。

以汾阳峪道河为根据，我们曾向邻近诸县作了多次的旅行，计停留过八县地方，为太原，文水，汾阳，孝义，介休，灵石，霍县，赵城，其中介休至赵城间三百余里，因同蒲铁路正在炸山兴筑，公路多段被毁，故大半竟至徒步，滋味尤为浓厚。餐风宿雨，两周间艰苦简陋的生活，与寻常都市相较，至少有两世纪的分别。我们所参诣的古构，不下三四十处，元明遗物，随地遇见，现在仅择要纪述。

注：原载于1935年《中国营造学社汇刊》第5卷3期，署名：林徽因、梁思成。

汾阳县 峪道河 龙天庙

在我们住处，峪道河的两壁山岩上，有几处小小庙宇。东岩上的实际寺，以风景幽胜著名。神头的龙王庙，因马跑泉享受了千年的烟火，正殿前有拓黑了的宋碑，为这年代的保证，这碑也就是庙里惟一的“古物”。西岩上南头有一座关帝庙，几经修建，式样混杂，别有趣味。北头一座龙天庙，虽然在年代或结构上并无可以惊人之处，但秀整不俗，我们却可以当它作山西南部小庙宇的代表作品。

龙天庙在西岩上，庙南向，其东边立面，厢庑后背，钟楼及围墙，成一长线剪影，隔溪居高临下，隐约白杨间。在斜阳掩映之中，最能引起沿溪行人的兴趣。山西庙宇的远景，无论大小都有两个特征：一是立体的组织，权衡俊美，各部参差高下，大小相依附，从任何视点望去均恰到好处；一是在山西，砖筑或石砌物，斑彩淳和，多带红黄色，在日光里与山冈原野同醉，浓艳夺人，尤其是在夕阳西下时，砖石如染，远近殷红映照，绮丽特甚。在这两点上，龙天庙亦非例外。谷中外人三十年来不识其名，但据这种印象，称这庙做“落日庙”并非无因的。

庙周围土坡上下有盘旋小路，坡孤立如岛，远距村落人家。庙前本有一片松柏，现时只剩一老松，孤傲耸立，缄默如同守卫将士。庙门镇日闭锁，少有开时，苟遇一老人耕作门外，则可暂借锁钥，随意出入；本来这一带地方多是道不拾遗，夜不闭户的，所谓锁钥亦只余一条铁钉及一种形式上的保管手续而已。这现象竟亦可代表山西内地其他许多大小庙宇的保管情形。

庙中空无一人，蔓草晚照，伴着殿庑石级，静穆神秘，如在画中。两厢为“窑”，上平顶，有砖级可登，天晴日美时，周围风景全可入览。此带山势和缓，平趋连接汾河东西区域；远望绵山峰峦，竟似天外烟霞，但傍晚时，默立高处，实不竟古原夕阳之感。近山各处全是赤土山级，层层平削，像是出自人工；农民多辟洞“穴居”耕种其上。麦黍赤土，红绿相间成横层，每级土崖上所辟各穴，远望似平列桥洞，景物自成一种特殊风趣。沿溪白杨丛中，点缀土筑平屋小院及磨坊，更错落可爱。

龙天庙的平面布置南北中线甚长，南面围墙上辟山门。门内无照壁，却为戏楼背面。山西中部南部我们所见的庙宇多附属戏楼，在平面布置上没有向外伸出的舞台。楼下部实心基坛，上部三面墙壁，一面开敞，向着正殿，即为戏台。台正中有山柱一列，预备挂上帏幕可分成前后台。楼左阙门，有石级十余可上下。在龙天庙里，这座戏楼正堵截山门入口处成一大照壁。

转过戏楼，院落甚深，楼之北，左右为钟鼓楼，中间有小小牌楼，庭院在此也高起两三级划入正院。院北为正殿，左右厢房为砖砌窑屋各三间，前有廊檐，旁有砖级，可登屋顶。山西乡间穴居仍盛行，民居喜砌砖为窑（即券洞），庙宇两厢亦多砌窑以供僧侣居住。窑顶平台均可从窑外梯级上下。此点酷似墨西哥红印人之叠层土屋，有立体堆垒组织之美。钟鼓楼也以发券的窑为下层台基，上立木造方亭，台基外亦设砖级，依附基墙，可登方亭。全建筑物以砖造部分为主，与他省木架钟鼓楼异其风趣。

正殿前廊外尚有一座开敞的过厅，紧接廊前，称“献食棚”。这个结构实是一座卷棚式过廊，两山有墙而前后檐柱间开敞，没有装修及墙壁。它的功用则在名义上已很明了，不用赘释了。在别省称祭堂或前殿的，与正殿都有相当的距离，而且不是开敞的，这献食棚实是祭堂的另一种有趣的做法。

龙天庙里的主要建筑物为正殿。殿三间，前出廊，内供龙天及夫人像。按廊下清乾隆十二年碑说：

> 龙天者，介休令贾侯也。公（讳）浑，晋惠帝永兴元年，刘元海……攻陷介休，公……死而守节，不愧青天。后人……故建庙崇祀……像神立祠，盖自此始矣。……

这座小小正殿，“前廊后无廊”，本为山西常见的做法，前廊檐下用硕大的斗栱，后檐却用极小，乃至不用斗栱，将前后不均齐的配置完全表现在外面，是河北省所不经见的，尤其是在旁面看其所呈现象，颇为奇特。

至于这殿，按乾隆十二年《重增修龙天庙碑记》说：

> 按正殿上梁所志系元季丁亥（元顺帝至正七年，公元一三四七年）重建。正殿三小间，献食棚一间，东西厦窑二眼，殿旁两小房二间，乐楼三间。……鸠工改修，计正殿三大间，献食棚三间，东西窑六眼，殿旁东西房六间，大门洞一座……零余银备异日牌楼钟鼓楼之费。……

所以我们知道龙天庙的建筑，虽然曾经重建于元季，但是现在所见，竟全是乾嘉增修的新构。

殿的构架，由大木上说，是悬山造，因为各檩头皆伸出到柱中线以外甚远；但是由外表上看，却似硬山造，因为山墙不在山柱中线上，而向外移出，以封护檩头。这种做法亦为清代官式建筑所无。

这殿前檐的斗栱，权衡甚大，斗栱之高，约及柱高之四分之一；斗栱之布置，亦极疏朗，当心间用补间铺作一朵，次间不用。当心间左右两柱头并补间铺作均用四十五度斜栱。柱身微有卷杀：阑额为月梁式；普拍枋宽过阑额。这许多特征，在河北省内惟在宋元以前建筑乃得见；但在山西，明末清初比比皆是，但细查各栱头的雕饰，则光怪陆离，绝无古代沉静的气味；两平柱上的丁头栱（清称雀替），且刻成龙头象头等形状。

施碑人当里四乡〇〇〇任〇〇男任智孙男 任选
任达
不敢〇〇〇〇周桥旦邑张元景
龙 天 庙
至元二年三月十二日创建 太正〇〇〇
大木都料汾阳〇从识男〇忠
〇成

殿内梁架所用梁的断面，亦较小于清代官式的规定，且所用驼峰，替木，叉手等等结构部分，都保留下古代的作法，而在清式中所不见的。

全殿最古的部分是正殿匾牌。匾文说：这牌的牌首，牌带，牌舌，皆极奇特，与古今定制都不同，不知是否原物，虽然牌面的年代是确无可疑的。

汾阳县　大相村　崇胜寺

由太原至汾阳公路上，将到汾阳时，便可望见路东南百余米处，耸起一座庞大的殿宇，出檐深远，四角用砖筑立柱支着，引人注意。由大殿之东，进村之北门，沿寺东墙外南行颇远，始到寺门。寺规模宏敞，连山门一共六进。山门之内为天王门，天王门内左右为钟鼓楼，后为天王殿，天王殿之后为前殿，正殿（毗卢殿）及后殿（七佛殿）。除去第一进院之外，每院都有左右厢，在平面布置上，完全是明清以后的式样，而在构架上，则差不多各进都有不同的特征，明初至清末各种的式样都有代表“列席”。在建筑本身以外，正殿廊前放着一造像碑，为北齐天保三年物。

天王殿正中弘治元年（公元一四八八）碑说：

> 大相里横枕卜山之下……古来舍刹稽自大齐天保三年（公元五五二），大元延祐四年（公元一三一七）……奉敕建立后殿，增饰慈尊，额题崇胜禅寺，于是而渐成规模，……大明宣德庚戌五年（公元一四三〇），功竖中殿，廊庑翼如；周植树千本。……大明成化乙未十一年（公元一四七五），……构造天王殿，伽蓝宇祠，堂室俱备……

按现在情形看，天王殿与中殿之间，尚有前殿，天王殿前尚有钟楼鼓楼，为碑文中所未及。而所“植树千本”，则一根也不存在了。

山　门　三间，最平淡无奇；檐下用一斗三升斗栱，权衡甚小，但布置尚疏朗。

天王门　三间，左右挟以斜照壁及掖门。斗栱权衡颇大，布置亦疏朗。每间用补间铺作二朵，角柱微生起，乍看确有古风。但是各栱昂头上过甚的雕饰，立刻表示其较晚的年代。天王门内部梁架都用月梁。但因前后廊子均异常的浅隘，故前后檐部斗栱的布置都有特别的结构，成为一个有趣的断面；前面用两列斗栱，高下不同，上下亦不相列，后檐却用垂莲柱，使檐部伸出墙外。

钟鼓楼 天王门之后，左右为钟鼓楼，其中钟楼结构精巧，前有抱厦，顶用十字脊，山花向前，甚为奇特。

天王殿 五间，即成化十一年所建，弘治元年碑，就立在殿之正中；天王像四尊，坐在东西梢间内。斗栱颇大，当心间用补间铺作两朵，次梢间用一朵，雄壮有古风。

前　殿 五间，大概是崇胜寺最新的建筑物，斗栱用品字式，上交托角替，垫栱板前罗列着全副博古，雕工精细异常，不惟是太琐碎了，而且是违反一切好建筑上结构及雕饰两方面的常矩的。

前殿的东西配殿 各三间，亦有几处值得注意之点。在横断面上，前后是不均齐的；如峪道河龙天庙正殿一样，“前廊后无廊”，而前廊用极大的斗栱，后廊用小斗栱，使侧面呈不均齐象。斗栱布置亦疏朗，每间用补间铺作一朵。出跳虽只一跳，在昂下及泥道栱下，却用替木式的短栱实拍承托，如大同华严寺海会殿及应县木塔顶层所见；但在此短栱栱头，又以极薄小之翼形栱相交，都是他处所未见。最奇特的乃在阑额与柱头的连接法，将阑额两端斫去一部，使额之上部托在柱头之上，下部与柱相交，是以一构材而兼阑额及普拍枋两者的功用的。阑额之下，托以较小的枋，长尽梢间，而在当心间插出柱头作角替，也许是《营造法式》卷五所谓“绰幕方”一类的东西。

正　殿 （毗卢殿）大概是崇胜寺内最古的结构，明弘治元年碑所载建于宣德庚戌五年（公元一四三〇年）的中殿即指此。殿是硬山造，“前廊后无廊”，前檐用硕大的斗栱，前后亦不均齐。斗栱布置，每间只用补间铺作一朵。前后各出两跳，单抄单下昂，重栱造，昂尾斜上，以承上一缝槫。当心间补间铺作用四十五度斜栱。阑额甚小，上有很宽的普拍枋，一切尚如古制。当心间两柱，八角形，这种柱常见于六朝隋唐的砖塔及石刻，但用木的，这是我们所得见惟一的例。檐出颇远，但只用椽而无飞椽，在这种大的建筑物上还是初见。

前廊西端立北齐天保三年任敬志等造像碑，碑阳造像两层，各刻一佛二菩萨，额亦刻佛一尊。上层龛左右刻天王，略像龙门两大天王。座下刻狮子二；碑头刻蟠龙，都是极品，底下刻字则更劲古可爱。可惜佛面已毁，碑阴字迹亦见剥落了。清初顾亭林到汾访此碑，见先生《金石文字记》。

最后为**七佛殿**七间，是寺内最大的建筑物，在公路上可以望见。按明万历二十年《增修崇胜寺记》碑，乃“以万历十二年动工，至二十年落成”。无疑的这座晚明结构已替换了“大元元祐四年”的原建，在全部权衡上，这座明建尚保存着许多古代的美德；例如斗栱疏朗，出檐深远，尚表现一些雄壮气概。但各部本身，则尽雕饰之能事。外檐斗栱，上昂嘴特多，弯曲已甚；耍头上雕饰细巧；替木两端的花纹盘缠；阑额下更有龙形的角替；且金柱内额上斗栱坐斗之剔空花，竟将荷载之集中点（主要的建筑部分），作成脆弱的纤巧的花样；匠人弄巧，害及好建筑，以至如此，实令人怅然。虽然在雕工上看来，这些都是精妙绝伦的技艺，可惜太不得其道，以建筑物作卖技之场，结果因小失大，这巍峨大殿，在美术上竟要永远蒙耻低头。

七佛殿格扇上花心，精巧异常，为一种菱花与球纹混合的花样，在装饰图案上，实是登峰造极的，殿顶的脊饰，是山西所常见的普通做法。

汾阳县　杏花村　国宁寺

杏花村是做汾酒的古村，离汾阳甚近。国宁寺大殿由公路上可以望见。殿重檐，上檐檐椽毁损一部分，露出橑檐枋及阑额，远望似唐代刻画中所见双层额枋的建筑，故引起我们绝大的兴趣及希望，及到近前才知道是一片极大的寺址中仅剩的，一座极不规矩的正殿；前檐倾圮，檐檩暴落，竟给人以奢侈的误会。廊下乾隆二十八年碑说：“敕赐于唐贞观，重建于宋，历修于明代。”现存建筑大约是明时重建的。

在山西明代建筑甚多，形形色色，式样各异，斗栱布置或仍古制，或变换纤巧，陆离光怪，几不若以建筑规制论之。大殿的平面布置几成方形，重檐金柱的分间，与外檐柱及内柱不相排列。而在结构方面，此殿做法很奇特，内部梁架，两山将采步金梁经过复杂勾结的斗栱，放在顺梁上，而采步金上，又承托两山顺扒梁（或大昂尾），法式新异，未见于他处。

至于下檐前面的斗栱，不安在柱头上，致使柱上空虚，做法错谬，大大违反结构原则，在老建筑上是甚少有的。

文水县　开栅镇　圣母庙

开栅镇并不在公路上，由大路东转沿着山势，微微向下曲折，因为有溪流，有大树，庙宇村巷全都隐藏，不易即见。庙门规模甚大，丹青剥落。院内古树合抱，浓荫四布，气味严肃之极。建筑物除北首正殿，南首乐楼，巍峨对峙外，尚有东西两堂，皆南向与正殿并列，雅有古风；廊庑，碑碣，钟楼，偏院，给人以浪漫印象较他庙为深，尤其是因正殿屋顶歇山向前，玲珑古制，如展看画里楼阁。屋顶歇山，山面向前，是宋代极普通的式制，在日本至今还用得很普遍，然而在中国，由明以后，除去城角楼外，这种做法已不多见。正定隆兴寺摩尼殿，是这种做法的，且由其他结构部分看去，我们知道它是宋初物。据我们所见过其他建筑歇山向前的，共有元代庙宇两处，均在正定。此外即在文水开栅镇圣母庙正殿又得见之。

殿平面作凸字形，后部为正方形殿三间，屋顶悬山造，前有抱厦，进深与后部同，面阔则较之稍狭，屋顶歇山造，山面向前。

后部斗栱，单昂出一跳，抱厦则重昂出两跳，布置极疏朗，补间仅一朵。昂并没有挑起的后尾，但斗栱在结构上还是有绝对的机能。耍头之上，撑头木伸出，刻略如麻叶云头，这可说是后来清式挑尖梁头之开始。前面歇山部分的构架，槫枋全承在斗栱之上，结构精密，堪称上品。正定阳和楼前关帝庙的构架和斗栱，与此多有相同的特征。但此处内部木料非常粗糙，呈简陋印象。

抱厦正面骤见虽似三间，但实只一间，有角柱而无平柱，而代之以槏柱（或称抱框），额枋是长同通面阔的。额枋的用法正面与侧面略异，亦是应注意之点，侧面额枋之上用普拍枋，而正面则不用；正面额枋之高度，与侧面额枋及普拍枋之总高度相同，这也是少见的做法。

至于这殿的年代，在正面梢间壁上有元至元二十年（公元一二八三）嵌石，刻文说：

夫庙者元近西溪，未知何代，……后于此方要修其庙，……梁书万岁大汉之时，天会十年季春之月……今者石匠张莹，嗟岁月之弥深，睹栋梁之抽换，……恐后无闻，发愿刻碑。……

刻石如是。由形制上看来，殿宇必建于明以前，且因与正定关帝庙相同之点甚多，当可断定其为元代物。

圣母庙在平面布置上有一特殊值得注意之点。在正殿之东西，各有殿三间，南向，与正殿并列，尚存魏晋六朝东西堂之制。关于此点，刘敦桢先生在本刊五卷二期已申论得很清楚，不必在此赘述了。

文水县　文庙

文水县，县城周整，文庙建筑亦宏大出人意外。院正中泮池，两边廊庑，碑石栏杆，围衬大成门及后殿，壮丽较之都邑文庙有过无不及；但建筑本身分析起来，颇多弱点，仅为山西中部清以后虚有其表的代表作之一种。庙里最古的碑记，有宋元符三年的县学进士碑，元明历代重修碑也不少。就形制看来，现在殿宇大概都是清以后所重建。

正　殿　开间狭而柱高，外观似欠舒适。柱头上用阑额和由额，二者之间用由额垫板，间以“荷叶墩”，阑额之上又用肥厚的普拍枋，这四层构材，本来阑额为主，其他为辅，但此处则全一样大小，使宾主不分，极不合结构原则。斗栱不甚大，每间只用补间铺作一朵。坐斗下面，托以“皿板”，刻作古玩座形，当亦是当地匠人，纤细弄巧做法之一种表现。斗栱外出两跳华栱，无昂，但后尾却有挑杆，大概是由耍头及撑头木引上。两山柱头铺作承托顺扒梁外端，内端坦然放在大梁上却倒率直。

戟　门　三间，大略与大成殿同时。斗栱前出两跳，单抄单下昂，正心用重栱，第一跳单栱上施替木承罗汉枋，第二跳不用栱，跳头直接承托替木以承挑檐枋及檐桁，也是少见的做法。转角铺作不用由昂，也不用角神或宝瓶，只用多跳的实拍栱（或靴契），层层伸出，以承角梁，这做法不止新颖，且较其他常见的尚为合理。

汾阳县　小相村　灵岩寺

小相村与大相村一样在汾阳文水之间的公路旁，但大相村在路东，而小相村却在路西，且离汾阳亦较远。灵岩寺在山坡上，远在村后，一塔秀挺，楼阁巍然，殿瓦琉璃，辉映闪烁夕阳中，望去易知为明清物，但景物婉丽可人，不容过路人弃置不睬。

离开公路，沿土路行可四五里达村前门楼。楼跨土城上，底下圆券洞门，一如其他山西所见村落。村内一路贯全村前后，雨后泥泞崎岖，难同入蜀，愈行愈疲，愈觉灵岩寺之远，始悟汾阳一带，平原楼阁远望转近，不易用印象来计算距离的。及到寺前，残破中虽仅存在山门券洞，但寺址之大，一望而知。

进门只见瓦砾土丘，满目荒凉，中间天王殿遗址，隆起如冢，气象堂皇。道中所见砖塔及重楼，尚落后甚远，更进又一土丘，当为原来前殿——中间露天趺坐两铁佛，中挟一无像大莲座；斜阳一瞥，奇趣动人，行人倦旅，至此几顿生妙悟，进入新境。再后当为正殿址，背景里楼塔愈迫近，更有铁佛三尊，趺坐慈静如前，东首一尊且低头前伛，现悯恻垂注之情。此时远山晚晴，天空如宇，两址反不殿而殿，严肃丽都，不借梁栋丹青，朝拜者亦更沉默虔敬，不由自主了。

铁像有明正德年号，铸工极精，前殿正中一尊已倾欹坐地下，半埋入土，塑工清秀，在明代佛像中可称上品。

灵岩寺各殿本皆发券窑洞建筑，砖砌券洞繁复相接，如古罗马遗建，由断墙土丘上边下望，正殿偏西，残窑多眼尚存。更像隧道密室相关连，有阴森之气，微觉可怕，中间多停棺柩，外砌砖橔，印象亦略如罗马石棺，在木造建筑的中国里探访遗迹，极少有此经验的。券洞中一处，尚存券底画壁，颜色鲜好，画工精美，当为明代遗物。

砖塔在正殿之后，建于明嘉靖二十八年。这塔可作晋冀两省一种晚明砖塔的代表。

砖塔之后，有砖砌小城，由旁面小门入方城内，别有天地，楼阁廊舍，尚极完整，但阒无人声，院内荒芜，野草丛生，幽静如梦；与"城"以外的堂皇残址，露坐铁佛，风味迥殊。

这院内左右配殿各窑五眼，窑筑巩固，背面向外，即为所见小城墙。殿中各余明刻木像一尊。北面有基窑七眼，上建楼殿七大间，即远望巍然有琉璃瓦者。两旁更有簃楼，石级露台曲折，可从窑外登小阁，转入正楼。夕阳落漠，淡影随人转移，处处是诗情画趣，一时记忆几不及于建筑结构形状。

下楼徘徊在东西配殿廊下看读碑文，在荆棘拥护之中，得朱之俊崇祯年间碑，碑文叙述水陆楼的建造原始甚详。

朱之俊自述："夜宿寺中，俄梦散步院落，仰视左右，有楼翼然，赫辉壮观，若新成形……觉而异焉，质明举似普门师，师为余言水陆阁像，颇与梦合。余因征水陆缘起，慨然首事。……"

各处尚存碑碣多座，叙述寺已往的盛史。惟有现在破烂的情形，及其原因，在碑上是找不出来的。

正在留恋中，老村人好事进来，打断我们的沉思，开始问答，告诉我们这寺最后的一页惨史。据说是光绪二十六年替换村长时，新旧两长各竖一帜，怂恿村人械斗，将寺拆毁。数日间竟成一片瓦砾之场，触目伤心；现在全寺余此一院楼厢，及院外一塔而已。

孝义县　吴屯村　东岳庙

由汾阳出发南行，本来可雇教会汽车到介休，由介休改乘公共汽车到霍州赵城等县。但大雨之后，道路泥泞，且同蒲路正在炸山筑路，公共汽车道多段已拆毁不能通行，沿途跋涉露宿，大部分竟以徒步到达。

我们曾因道阻留于孝义城外吴屯村，夜宿村东门东岳庙正殿廊下；庙本甚小，仅余一院一殿，正殿结构奇特，屋顶的繁复做法，是我们在山西所见的庙宇中最已甚的。小殿向着东门，在田野中间镇座，好像乡间新娘，满头花钿，正要回门的神气。

庙院平铺砖块，填筑甚高，围墙矮短如栏杆，因墙外地洼，用不着高墙围护；三面风景，一面城楼，地方亦极别致。庙厢已作乡间学校，但仅在日中授课，顽童日出即到，落暮始散。夜里仅一老人看守，闻说日间亦是教员，薪金每年得二十金而已。

院略为方形，殿在院正中，平面则为正方形，前加浅隘的抱厦。两旁有斜照壁，殿身屋顶是歇山造；抱厦亦然，但山面向前，与开栅圣母正殿极相似，但因前为抱厦，全顶呈繁乱状，加以装饰物，愈富缛不堪设想。这殿的斗栱甚为奇特，其全朵的权衡，为普通斗栱的所不常有，因为横栱——尤其是泥道栱及其慢栱——甚短，以致斗栱的轮廓耸峻，呈高瘦状。殿深一间，用补间斗栱三朵。抱厦较殿身稍狭，用补间铺作一朵，各层出四十五度斜昂。昂嘴纤弱，𩑶入颇深。各斗栱上的耍头，厚只及材之半，刻作霸王拳，劣匠弄巧的弊病，在此可见。

侧面阑额之下，在柱头外用角替，而不用由额，这角替外一头伸出柱外，托阑额头下，方整无饰，这种做法无意中巧合力学原则，倒是罕贵的一例。檐部用椽子一层，并无飞椽，亦奇。但建造年月不易断定。我们夜宿廊下，仰首静观檐底黑影，看凉月出没云底，星斗时现时隐，人工自然，悠然溶合入梦，滋味深长。

霍县　太清观

以上所记，除大相村崇胜寺规模宏大及圣母庙年代在明以前，结构适当外，其他建筑都不甚重要。霍州县城甚大，庙观多，且魁伟，登城楼上望眺，城外景物和城内嵯峨的殿宇对照，堪称壮观。以全城印象而论，我们所到各处，当无能出霍州右者。

霍县太清观在北门内，志称宋天圣二年，道人陶崇人建，元延祐三年道人陈泰师修。观建于土丘之上，高出两旁地面甚多，而且愈往后愈高，最后部庭院与城墙顶平，全部布局颇饶趣味。

观中现存建筑，多明清以后物。惟有前殿，额曰“金阙玄元之殿”，最饶古趣。殿三间，悬山顶，立在很高的阶基上；前有月台，高如阶基。斗栱雄大，重栱重昂造，当心间用补间铺作两朵，梢间用一朵。柱头铺作上的耍头，已成挑尖梁头形式，但昂的宽度，却仍早制，未曾加大。想当是明初近乎官式的作品。这殿的檐部，也是不用飞椽的。

最后一殿，歇山重檐造，由形制上看来，恐是清中叶以后新建。

霍县　文庙

霍县文庙，建于元至元间，现在大门内还存元碑四座。由结构上看来，大概有许多座殿宇，还是元代遗构。在平面布置上，自大成门左右一直到后面，四周都有廊庑，显然是古代的制度。可惜现在全庙被划分两半，前半——大成殿以南——驻有军队，后半是一所小学校，前后并不通行，各分门户，与我们视察上许多不便。

前后各主要殿宇，在结构法上是一贯的。棂星门以内，便是大成门，门三间，屋顶悬山造。柱瘦高而额细，全部权衡颇高，尤其是因为柱之瘦长，颇类唐代壁画中所常视的现象。斗栱简单，单抄四铺作，令栱上施替木，以承橑檐槫。华栱之上施耍头，与令栱及慢栱相交，耍头后尾作楷头，承托在梁下；梁头也伸出到楷头之上，至为妥当合理。斗栱布置疏朗，每间只用补间铺作一朵，放在细长的阑额及其厚阔的普拍枋上。普拍枋出柱头处抹角斜割，与他处所见元代遗物刻海棠卷瓣者略同。中柱上亦用简单的斗栱，华栱上一材，前后出楷头以承大梁。左右两中柱间用柱头枋一材在慢栱上相联；这柱头枋在左右中柱上向梢间出头作蚂蚱头，并不通排山。大成门梁架用材轻爽经济，将本身的重量减轻，是极妥善的做法。我们所见檐部只用圆椽，其上无飞檐椽的，这又是一例。

大成殿亦三间，规模并不大。殿立在比例高耸的阶基上，前有月台；上用砖砌栏杆（这矮的月台上本是用不着的）。殿顶歇山造。全部权衡也是峻耸状。因柱子很高，故斗栱比例显得很小。

斗栱，单下昂四铺作，出一跳，昂头施令栱以承橑檐槫及枋。昂嘴颧势圜和，但转角铺作角昂及由昂，则较为纤长。昂尾单独一根，斜挑下平槫下，结构异常简洁，也许稍嫌薄弱。斗栱布置疏朗，每间只用补间铺作一朵，三角形的垫栱板在这里竟成扁长形状。

歇山部分的构架，是用两层的丁栿，将山部托住。下层丁栿与阑额平，其上托斗栱。上层丁栿外端托在外檐斗栱之上，内端在金柱上，上托山部构架。

霍县　东福昌寺

祝圣寺原名东福昌寺，明万历间始改今名。唐贞观四年，僧清宣奉敕建。元延祐四年，僧圆琳重建，后改为霍山驿。明洪武十八年，仍建为寺。现时因与西福昌寺关系，俗称上寺下寺。就现存的建筑看，大概还多是元代的遗物。

东福昌寺诸建筑中，最值得注意的，莫过于正殿。殿七楹，斗栱疏朗，尤其在昂嘴的鰤势上，富于元代的意味。殿顶结构，至为奇特。乍见是歇山顶，但是殿本身屋顶与其下围廊顶是不连续成一整片的，殿上盖悬山顶，而在周围廊上盖一面坡顶（围廊虽有转角绕殿左右，但止及殿左右朵殿前面为止）。上面悬山顶有它自己的勾滴，降一级将水泄到下面一面坡顶上。汉代遗物中，瓦顶有这种两坡做法，如高颐石阙及纽约博物馆藏汉明器，便是两个例，其中一个是四阿顶，一个是歇山顶。日本奈良法隆寺玉虫厨子，也用同式的顶。这种古式的结构，不意在此得见其遗制，是我们所极高兴的。关于这种屋顶，已在本刊五卷二期《汉代建筑式样与装饰》一文中详论，不必在此赘述。

在正殿左右为朵殿，这朵殿与正殿殿身，正殿围廊三部屋顶连接的结构法，至为妥善，在清式建筑中已不见这种智巧灵活的做法，官式规制更守住呆板办法删除特种变化的结构，殊可惜。

正殿阶基颇高，前有月台，阶基及月台角石上，均刻蟠龙，如《营造法式》石作之制；此例雕饰曾见于应县佛宫寺塔月台角石上。可见此处建筑规制必早在辽明以前。

后殿由形制上看，大概与正殿同时，当心间补间铺作用斜栱斜昂，如大同善化寺金建三圣殿所见。

后殿前庭院正中，尚有唐代经幢一柱存在，经幢之旁，有北魏造像残石，用砖龛砌护。石原为五像，弥勒（？）正中坐，左右各二菩萨胁侍，惜残破不堪；左面二菩萨且已缺毁不存。弥勒垂足交胫坐，与云冈初期作品同，衣纹体态，无一非北魏初期的表征，古拙可喜。

霍县　西福昌寺

西福昌寺与东福昌寺在城内大街上东西相称。按《霍州志》，贞观四年，敕尉迟恭监造。初名普济寺。太宗以破宋老生于此，贞观三年，设建寺以树福田，济营魄。乃命虞世南，李百药，褚遂良，颜师古，岑文本，许敬宗，朱子奢等为碑文。可惜现时许多碑石，一件也没有存在的了。

现在正殿五间。左右朵殿三间，当属元明遗构。殿廊下金泰和二年碑，则称寺创自太平兴国三年。前廊檐柱尚有宋式覆盆柱础。

前殿三间，歇山造，形制较古，门上用两门簪，也是辽宋之制。殿内塑像，颇似大同善化寺诸像。惜过游时，天色已晚，细雨不辍，未得摄影。但在殿中摸索，燃火在什物尘垢之中，瞻望佛容而已。

全寺地势前低后高。庭院层层高起，亦如太清观，但跨院旧址尚广，断墙倒壁，老榭荒草中，杂以民居，破落已极。

霍县　火星圣母庙

火星圣母庙在县北门内。这庙并不古，却颇有几处值得注意之点。在大门之内，左右厢房各三间，当心间支出垂花雨罩，新颖可爱，足供新设计参考采用。正殿及献食棚屋顶的结构，各部相互间的联络，在复杂中倒合理有趣。在平面的布置上，正殿三间，左右朵殿各一间，正殿前有廊三间，廓前为正方形献食棚，左右廊子各一间。这多数相联络殿廊的屋顶；正殿及朵殿悬山造，殿廊一面坡顶，较正殿顶低一级，略如东福昌寺大殿的做法。献食棚顶用十字脊，正面及左右歇山，后面脊延长，与一面坡相交；左右廊子则用卷棚悬山顶。全部联络法至为灵巧，非北平官式建筑物屋顶所能有。

献食棚前琉璃狮子一对，塑工至精，纹路秀丽，神气生猛，堪称上品。东廊下明清碑碣及嵌石颇多。

霍县　县政府大堂

在霍县县政府的大堂的结构上，我们得见到滑稽绝伦的建筑独例。大堂前有抱厦，面阔三间。当心间阔而梢间稍狭，四柱之上，以极小的阑额相联络，其上却托着一整根极大的普拍枋，将中国建筑传统的构材权衡完全颠倒。这还不足为奇；最荒谬的是这大普拍枋之上，承托斗栱七朵，朵与朵间都是等距离，而没有一朵是放在任何柱头之上，作者竟将斗栱在结构上之原意义，完全忘却，随便位置。斗栱位置不随立柱安排，除此一例外，惟在以善于作中国式建筑自命的慕菲氏所设计的南京金陵女子大学得又见之。

斗栱单昂四铺作，令栱与耍头相交，梁头放在耍头之上。补间铺作则将撑头木伸出于耍头之上，刻作麻叶云。令栱两散斗特大，两旁有卷耳，略如爱奥尼克（Ionic）柱头形。中部几朵斗栱，大斗之下，用版块垫起，但其作用与皿版并不相同。阑额两端刻卷草纹，花样颇美。柱础宝装莲瓣覆盆，只分八瓣，雕工精到。

据壁上嵌石，元大德九年（公元一三〇五），某宗室“自明远郡（现地名待考）朝觐往返，霍郡适当其冲，虑郡廨隘陋”，所以增大重建。至于现存建筑物的做法及权衡，古今所无，年代殊难断定。

县府大门上斗栱华栱层层作卷瓣，也是违背常规的做法。

霍县　北门外桥及铁牛

北门桥上的铁牛，算是霍州一景，其实牛很平常，桥上栏杆则在建筑师的眼中，不但可算一景，简直可称一出喜剧。

桥五孔，是北方所常见的石桥，本无足怪。少见的是桥栏杆的雕刻，尤以望柱为甚。栏版的花纹，各个不同，或用莲花，如意，万字，钟，鼓等等纹样，刻工虽不精而布置尚可，可称粗枝大叶的石刻。至于望柱，柱头上的雕饰，则动植物，博古，几何形无所不有，个个不同，没有重复，其中如猴子，人手，鼓，瓶，佛手，仙桃，葫芦，十六角形块，以及许多无名的怪形体，粗糙胪列，如同儿戏，无一不足，令人发笑。

至于铁牛，与我们曾见过无数的明代铁牛一样，笨蠢无生气，虽然相传为尉迟恭铸造，以制河保城的。牛日夜为村童骑坐抚摸，古色光润，自是当地一宝。

赵城县　侯村　女娲庙

由赵城县城上霍山，离城八里，路过侯村，离村三四里，已看见巍然高起的殿宇。女娲庙，《志》称唐构，访谒时我们固是抱着很大的希望的。

庙的平面，地面深广，以正殿——娲皇殿——为中心，四周为廊屋，南面廊屋中部为二门，二门之外，左右仍为廊屋，南面为墙，正中辟山门，这样将庙分为内外两院。内院正殿居中，外院则有碑亭两座东西对立，印象宏大。这种是比较少见的平面布置。

按庙内宋开宝六年碑："乃于平阳故都，得女娲原庙重修，……南北百丈，东西九筵；雾罩檐楹，香飞户牖，……"但《志》称天宝六年重修，也许是开宝六年之误。次古的有元至元十四年重修碑，此外明清两代重修或祀祭的碑碣无数。

现存的正殿五间，重檐歇山，额曰娲皇殿。柱高瘦而斗栱不甚大。上檐斗栱，重栱双下昂造，每间用补间铺作一朵；下檐单下昂，无补间铺作。就上檐斗栱看，柱头铺作的下昂，较补间铺作者稍宽，其上有颇大的梁头伸出，略具"桃尖"之形，下檐亦有梁头，但较小。就这点上看来，这殿的年代，恐不能早过元末明初。现在正脊桁下且尚大书崇祯年间重修的字样。

柱头间联络的阑额甚细小，上承宽厚的普拍枋。歇山部分的梁架，也似汾阳国宁寺所见，用斗栱在顺梁（或额）上承托采步金梁，因顺梁大小只同阑额，颇呈脆弱之状。这殿的彩画，尤其是内檐的，尚富古风，颇有《营造法式》彩画的意味。殿门上铁铸门钹，门钉，铸工极精俊。

二门内偏东宋石经幢，全部权衡虽不算十分优美，但是各部的浮雕精绝，须弥座之上枋的佛迹图，正中刻城门，甚似敦煌壁画中所绘，左右图“太子”所见。中段覆盘，八面各刻狮象。上段仰莲座，各瓣均有精美花纹，其上刻花蕊。除大相村天保造像外，这经幢当为此行所见石刻中之最上妙品。

赵城县　广胜寺下寺

一年多以前，赵城宋版藏经之发现，轰动了学术界，广胜寺之名，已传遍全国了。国人只知藏经之可贵，而不知广胜寺建筑之珍奇。

广胜寺距赵城县城东南约四十里，据霍山南端。寺分上下两院，俗称“上寺”“下寺”。上寺在山上，下寺在山麓，相距里许（但是照当地乡人的说法却是上山五里下山一里）。

由赵城县出发，约经二十里平原，地势始渐高，此二十里虽说是平原，但多粘土平头小冈，路陷赤土谷中，蜿蜒出入，左右只见土崖及其上麦黍，头上一线蓝天，炎日当顶，极乏趣味。后二十里积渐坡斜，直上高冈，盘绕上下，既可前望山峦屏嶂，俯瞰田陇农舍，及又穿行几处山庄村落，中间小庙城楼，街巷里井，均极幽雅有画意，树亦渐多渐茂，古干有合抱的，底下必供着树神，留着香火的痕迹。山中甘泉至此已成溪，所经地域，妇人童子多在濯菜浣衣，利用天然。泉清如琉璃，常可见底，见之使人顿觉清凉，风景是越前进越妩媚可爱。

但快到广胜寺时，却又走到一片平原上，这平原浩荡辽阔乃是最高一座山脚的干河床，满地石片，几乎不毛，不过霍山如屏，晚照斜阳早已在望，气象反开朗宏壮，现出北方风景的性格来。

因为我们向着正东，恰好对着广胜寺前行，可看其上下两院殿宇，及宝塔，附依着山侧，在夕阳渲染中闪烁辉映，直至日落。寺由山下望着虽近，我们却在暮霭中兼程一时许，至人困骡乏，始赶到下寺门前。

下寺据在山坡上，前低后高，规模并不甚大。前为山门三间，由兜峻的甬道可上。山门之内为前院，又上而达前殿。前殿五间，左右有钟鼓楼，紧贴在山墙上，楼下券洞可通行，即为前殿之左右掖门。前殿之后为后院，正殿七间居后面正中，左右有东西配殿。

山　门　山门外观奇特，最饶古趣。屋盖歇山造，柱高，出檐远，主檐之下前后各有“垂花雨搭”，悬出檐柱以外，故前后面为重檐，侧面为单檐。主檐斗栱单抄单下昂造，重栱五铺作，外出两跳。下昂并不挑起。但侧面小柱上，则用双抄。泥道重栱之上，只施柱头枋一层，其上并无压槽枋。外第一跳重栱，第二跳令栱之上施替木以承挑檐榑。耍头斫作蚂蚱头形，斜面微䫜，如大同各寺所见。

雨搭由檐柱挑出，悬柱上施阑额，普拍枋，其上斗栱单抄四铺作单栱造。悬柱下端截齐，并无雕饰。

殿身檐柱甚高，阑额纤细，普拍枋宽大，阑额出头斫作蚂蚱头形。普拍枋则斜抹角。

内部中柱上用斗栱，承托六椽栿下，前后平椽缝下，施替木及襻间。脊榑及上平榑，均用蜀柱直接立于四椽栿上。檐椽只一层，不施飞椽。

如山门这样外表，尚为我们初见；四椽栿上三蜀柱并立，可以省却一道平梁，也是少见的。

前　殿　前殿五间，殿顶悬山造，殿之东西为钟鼓楼。阶基高出前院约三公尺，前有月台；月台左右为礓䃰甬道，通钟鼓楼之下。

前殿除当心间南面外，只有柱头铺作，而没有补间铺作。斗栱，正心用泥道重栱，单昂出一跳，四铺作，跳头施令栱替木，以承橑檐榑，甚古简。令栱与梁头相交，昂嘴䫜势甚弯。后面不用补间铺作，更为简洁。

在平面上，南面左右第二缝金柱地位上不用柱，却用极大的内额，由内平柱直跨至山柱上，而将左右第二缝前后檐柱上的“乳栿”（？）尾特别伸长，斜向上挑起，中段放在上述内额之上，上端在平梁之下相接，承托着平梁之中部，这与斗栱的用昂在原则上是相同的，可以说是一根极大的昂。广胜寺上下两院，都用与此相类的结构法。这种构架，在我们历年国内各地所见许多的遗物中，这还是第一个先例。尤其重要的，是因日本的古建筑，尤其是飞鸟灵乐等初期的遗构，都是用极大的昂，结构与此相类，这个实例乃大可佐证建筑家早就怀疑的问题，这问题便是日本这种结构法，是直接承受中国宋以前建筑规制，并非自创，而此种规制，在中国后代反倒失传或罕见。同时使我们相信广胜寺各构，在建筑遗物实例中的重要，远超过于我们起初所想象的。

两山梁架用材极为轻秀，为普通大建筑物中所少见。前后出檐飞子极短，博风板狭而长。正脊垂脊及吻兽均雕饰繁富。

殿北面门内供僧像一躯，显然埃及风味，煞是可怪。

两山墙外为钟鼓楼下有砖砌阶基。下为发券门道可以通行。阶基立小小方亭。斗栱单昂，十字脊歇山顶。就钟鼓楼的位置论，这也不是一个常见的布置法。

殿内佛像颇笨拙，没有特别精彩处。

正　殿　正殿七间居最后。正中三间辟门，门左右很高的直棂槛窗。殿顶也是悬山造。

斗栱，五铺作，重栱，出两跳，单抄单下昂，昂是明清所常见的假昂，乃将平置的华栱而加以昂嘴的。斗栱只施于柱头不用补间铺作。令栱上施替木，以承橑檐槫。泥道重栱之上，只施柱头枋一层，其上相隔颇远，方置压槽枋。论到用斗栱之简洁，我们所见到的古建筑，以这两处为最；虽然就斗栱与建筑物本身的权衡比起来，并不算特别大，而且在昂嘴及普拍枋出头处等详部，似乎倾向较后的年代，但是就大体看，这寺的建筑，其古洁的确是超过现存所有中国古建筑的。这个到底是后代承袭较早的遗制，还是原来古构已含了后代的几个特征，却甚难说。

正殿的梁架结构，与前殿大致相同。在平面上左右缝内柱与檐柱不对中，所以左右第一二缝檐柱上的乳栿，皆将后尾翘起，搭在大内额上，但栿（或昂）尾只压在四椽栿下，不似前殿之在平梁下正中相交。四椽栿以上侏儒柱及平梁均轻秀如前殿，这两殿用材之经济，虽尚未细测，只就肉眼观察，较以前我们所看过的辽代建筑尚过之。若与官式清代梁架比，真可算中国建筑中梁架轻重之两极端，就比例上计算，这寺梁的横断面的面积，也许不到清式梁的横断面三分之一。

正殿佛像五尊，塑工精极，虽然经过多次的重妆，还与大同华岩寺簿伽教藏殿塑像多少相似。侍立诸菩萨尤为俏丽有神，饶有唐风，佛容衣带，庄者庄，逸者逸，塑造技艺，实臻绝顶。东西山墙下十八罗汉，并无特长，当非原物。

东山墙尖象眼壁上，尚有壁画一小块，图像色泽皆美。据说民（国）十六（年）寺僧将两山壁画卖与古玩商，以价款修葺殿宇，这虽是极不幸的事，但是据说当时殿宇倾颓，若不如此，便将殿画同归于尽。如果此语属实，殿宇因此而存，壁画虽流落异邦，但也算两者均得其所。惟恐此种计划仍然是盗卖古物谋利的动机。现在美国彭省大学博物院所陈列的一幅精美的称为“唐”的壁画，与此甚似。近又闻美国甘撒斯省立博物院，新近得壁画，售者告以出处，即云此寺。

朵　殿　正殿之东西各有朵殿三间。朵殿亦悬山造，柱瘦高，额细，普拍枋甚宽。斗栱四铺作单下昂。当心间用补间铺作两朵，稍间一朵。全部与正殿前殿大致相似，当是同年代物。

赵城县　广胜寺上寺

上寺在霍山最南的低峦上。寺前的“琉璃宝塔”，兀立山头，由四五十里外望之，已极清晰。

由下寺到上寺的路颇兜峻，盘石奇大，但石皮极平润，坡上点缀着山松，风景如中国画里山水近景常见的布局，峦顶却是一个小小的高原，由此望下，可看下寺，鸟瞰全景；高原的南头就是上寺山门所在。山门之内是空院，空院之北，与山门相对者为垂花门。垂花门内在正中线上，立着“琉璃宝塔”。塔后为前殿，著名的宋版藏经，就藏在这殿里。前殿之后是个空敞的前院，左右为厢房，北面为正殿。正殿之后为后殿，左右亦有两厢。此外在山坡上尚有两三处附属的小屋子。

琉璃宝塔 亦称飞虹塔。就平面的位置上说，塔立在垂花门之内，前殿之前的正中线上，本是唐制。塔平面作八角形，高十三级，塔身砖砌，饰以琉璃瓦的角柱，斗栱檐瓦佛像等等。最下层有木围廊。这种做法，与热河永庥寺舍利塔及北平香山静宜园琉璃塔是一样的。但这塔围廊之上，南面尚出小抱厦一间，上交十字脊。

全部的权衡上看，这塔的收分特别的急速，最上层檐与最下层砖檐相较，其大小只及下者三分之一强。而且上下各层的塔檐轮廓成一直线，没有卷杀（entagis）圜和之味。各层檐角也不翘起，全部呆板的直线，绝无寻常中国建筑柔和的线路。

塔之最下层供极大的释迦坐像一尊，如应县佛宫寺木塔之制。下层顶棚作穹窿式，饰以极繁细的琉璃斗栱。塔内有级可登，其结构法之奇特，在我们尚属初见。普通的砖塔内部，大半不可入，尤少可以攀登的。这塔却是个较罕的例外。塔内阶基每步高约六七十公分，宽约十余公分，成一个约合六十度的兜峻的坡度。这极高极狭的踏步每段到了终点，平常用“半楼板”（lanaing）的地方，却不用 lanaing，竟忽然停止，由这一段的最上一级，反身却可跫过空的 lanaing，攀住背面墙上又一段踏步的最下一级；在梯的两旁墙上留下小砖孔，可以容两手攀扶及放烛火的地方。走上这没有半丝光线的峻梯的人，在战栗之余，不由得不赞叹设计者心思之巧妙。

关于这塔的年代，相传建于北周，我们除在形制上可以断定其为明清规模外，在许多的琉璃上，我们得见正德十年的年号，所以现存塔身之型成，年代很少可疑之点。底层木廊正檩下，又有“天启二年创建”字样，就是廊子过大而不相称的权衡看来，我们差不多可以断定正德的原塔是没有这廊子的。

虽然在建筑的全部上看来，各种琉璃瓦饰用得繁缛不得当，如各朵斗栱的耍头均塑作狰狞的鬼脸，尤为滑稽；但就琉璃自身的质地及塑工说，可算无上精品。

前　殿　前殿在塔之北：殿的前面及殿前不甚大的院子，整个被高大的塔挡住。殿面阔五间，进深四间，屋顶单檐歇山造。斗栱，重栱造，双下昂；正面当心间用补间铺作两朵，次间一朵，稍间不用；这种的布置，实在是疏朗的，但因开间狭而柱高，故颇呈密挤之状，骤看似晚代布置法。但在山面，却不用补间铺作，这种正侧两面完全不同的布置，又是他处所未见。柱头与柱头之间联络，阑额较小而普拍枋宽大，角柱上出头处，阑额斫作楷头，普拍枋头斜抹角。我们以往所见两普拍枋在柱头相接处（即《营造法式》所谓“普拍枋间缝”），都顶头放置，但此殿所见，则如《营造法式》卷三十所见“勾头搭掌”的做法，也许以前我们疏忽了，所以迟迟至今才初次开眼。

前殿的梁架，与下寺诸殿梁架亦有一个相同之点，就是大昂之应用。除去前后檐间的大昂外，两山下的大昂，尤为巧妙。可惜摄影失败，只留得这帧不甚准确的速写断面图。这大昂的下端承托在斗栱耍头之上，中部放在“采步金”梁之上，后尾高高翘起，挑着平梁的中段，这种做法，与下寺所见者同一原则，而用得尤为得当。

前殿塑像颇佳，虽已经过多次的重塑但尚保存原来清秀之气。佛像两旁侍立像，宋风十足，背面像则略次。

正　殿　面阔五间悬山造，前殿开敞的庭院，与前殿隔院相望。骤见殿前廊檐，极易误认为近世的构造，但廊檐之内，抱头梁上，赫然犹见单昂斗栱的原状。如同下寺正殿一样，这殿并不用补间铺作，结构异常简洁。内部梁架，因有顶棚，故未得见，但一定也有伟大奇特的做法。

正殿供像三尊，释迦及文殊普贤，塑工极精，富有宋风；其中尤以菩萨为美。佛帐上剔空浮雕花草龙兽几何纹，精美绝伦，乃木雕中之无上好品。两山墙下列坐十八罗汉铁像，大概是明代所铸。

后　殿　居寺之最后。面阔五间，进深四间，四阿顶。因面阔进深为五与四之比，所以正脊长只及当心间之广；异常短促，为别处所未见。内柱相距甚远，与檐柱不并列。斗栱为五铺作双下昂。当心间用补间铺作两朵，次间梢间及两山各用一朵。柱头铺作两下昂平置，托在梁下，补间铺作则将第二层昂尾挑起。柱瘦高，额细长，普拍枋较额略宽。角柱上出头处，阑额斫作楷头，普拍枋抹角，做法与前殿完全相同。殿内梁架用材轻巧，可与前殿相埒。山面中线上有大昂尾挑上平槫下。内柱上无内额，四阿并不推山。梁架一部分的彩画，如几道槫下红地白绿色的宝相华（？），及斗栱上的细边古织锦文，想都是原来色泽。

殿除南面当心间辟门外，四周全有厚壁。壁上画像不见得十分古，也不见得十分好。当心间格扇，花心用雕镂拼镶极精细的圆形相交花纹，略如《营造法式》卷三十二所见“挑白球文格眼”，而精细过之。这格扇的格眼，乃由许多各个的梭形或箭形雕片镶成，在做工上是极高的成就。在横披上，格扇纹样与下面略异，而较近乎清式“菱花格扇”的图案。

后殿佛像五尊，塑工甚劣，面貌肥俗，手臂无骨，衣褶圆而不垂，背光繁缛不堪，佛冕及发全是密宗的做法。侍立菩萨较清秀，但都不如正殿塑像远甚。

广胜寺上下两院的主要殿宇，除琉璃宝塔而外，大概都属于同一时期，它们的结构法及作风都是一致的。

上下两寺壁间嵌石颇多，碑碣也不少，其中叙述寺之起源者，有治平元年重刻的郭子仪奏碣。碣字体及花边均甚古雅。文如下：

晋州赵城县城东南三十里，霍山南脚上，古育王塔院一所。右河东□观察使司徒□兼中书令，汾阳郡王郭子仪奏；臣据□朔方左厢兵马使，开府仪同三司，试太常卿，五原郡王李光瓒状称；前塔接山带水，古迹见存，堪置伽蓝，自愿成立。伏乞奏置一寺，为国崇益福□，仍请以阿育王为额者。巨准状牒州勘责，得耆寿百姓陈仙童等状，与光瓒所请，置寺为广胜。因伏乞 天恩，遂其诚愿，如蒙 特命赐以为额，仍请于当州诸寺选僧住持洒扫。中书门下牒河东观察使牒奉敕故牒。大历四年五月二十七日牒。住寺阇梨僧□切见当寺石碣岁久，隳坏年深，今欲整新，重标斯记。治平元年，十一月二十九日。

由右碣文看来，寺之创立甚古，而在唐代宗朝就原有塔院建立伽蓝，敕名广胜。至宋英宗时，伽蓝想仍是唐代原建。但不知何时伽蓝颓毁，以致需要将下寺：

计九殿自（金）皇统元年辛酉（公元一一四一）至贞元元年癸酉（公元一一五三），历二十三年，无年不兴工。……

却是这样大的工程，据元延祐六年（公元一三一九）石，则：

大德七年（公元一三〇三），地震，古刹毁，大德九年修渠（按即下寺前水渠），木装。延祐六年始修殿。

大德七年的地震一定很剧烈，以致“古刹毁”。现存的殿宇，用大昂的梁架虽属初次拜见，无由与其他梁架遗例比较。但就斗栱枋额看，如下昂嘴纤弱的卷杀普拍枋出头处之抹去方角，都与他处所见相似。至于瘦高的檐柱和细长的额枋，又与霍县文庙如出一手。其为元代遗物，殆少可疑。不过梁架的做法，极为奇特，在近数年寻求所得，这还是惟一的一个孤例，极值得我们研究的。

赵城县　广胜寺　明应王殿

广胜寺在赵城一带，以其泉水出名。在山麓下下寺之前，有无数的甘泉，由石缝及地下涌出，供给赵城洪洞两县饮料及灌溉之用。凡是有水的地方都得有一位龙王，所以就有龙王庙。

这一处龙王庙规模之大，远在普通龙王庙之上，其正殿——明应王殿——竟是个五间正方重檐的大建筑物。若是论到殿的年代，也是龙王庙中之极古者。

明应王殿平面五间，正方形，其中三间正方为殿身，周以回廊。上檐显山顶，檐下施重栱双下昂斗栱。当心间施补间铺作两朵，次间施一朵。斗栱权衡颇为雄大，但两下昂都是平置的华栱，而加以昂嘴的。下檐只用单下昂，次间梢间不施补间铺作，当心间只施一朵，而这一朵却有四十五度角的斜昂。阑额的权衡上下两檐有显著之异点，上檐阑额较高较薄，下檐则极小；而普拍枋则上檐宽薄，而下檐高厚。上檐以阑额为主而辅以普拍枋，下檐与之正相反，且在额下施繁缛的雕花罩子。殿身内前面两金柱省去，而用大梁由前面重檐柱直达后金柱，而在前金柱分位上施扒梁。并无特殊之点。

明应王殿四壁皆有壁画，为元代匠师笔迹。据说正门之上有画师的姓名及年月，须登梯拂尘燃灯始得读，惜匆匆未能如愿。至于壁画，其题材纯为非宗教的，现有古代壁画，大多为佛像，这种题材，至为罕贵。

至于殿的年代，大概是元大德地震以后所建，与嵩山少林寺大德年间所建鼓楼，有许多相似之点。

明应王殿的壁画，和上下寺的梁架，都是极罕贵的遗物，都是我们所未见过的独例。由美术史上看来，都是绝端重要的史料。我们预备再到赵城作较长时间的逗留，俾得对此数物，作一个较精密的研究。目前只能作此简略的记述而已。

赵城县　霍山中　镇庙

照县志的说法，广胜寺在县城东南四十里霍山顶，兴唐寺唐建，在城东三十里霍山中，所以我们认为它们在同一相近的去处，同在霍山上，相去不过二十余里，因而预定先到广胜寺，再由山上绕至兴唐寺去。却是事实乃有大谬不然者。到了广胜寺始知到兴唐寺还须下山绕到去城八里的侯村，再折回向东行再行入山，始能到达。我心想既称唐建，又在山中，如果原构仍然完好，我们岂可惮烦，轻轻放过。

我们晨九时离开广胜寺下山，等到折回又到了霍山时已走了十二小时！沿途风景较广胜寺更佳，但近山时实已入夜，山路崎岖峰峦迫近如巨屏，谷中渐黑，凉风四起，只听脚下泉声奔湍，看山后一两颗星点透出夜色，骡役俱疲，摸索难进，竟落后里许。我们本是一直徒步先行的，至此更得奋勇前进，不敢稍怠（怕夫役强主回头，在小村落里住下），入山深处，出手已不见掌，加以脚下危石错落，松柏横斜，行颇不易。喘息攀登，约一小时，始见远处一灯高悬，掩映松间，知已近庙，更急进敲门。

等到老道出来应对，始知原来我们仍远离着兴唐寺三里多，这处为霍岳山神之庙亦称中镇庙。乃将错就错，在此住下。

我们到时已数小时未食，故第一事便到“香厨”里去烹煮。厨在山坡上窑穴中，高踞庙后左角，庙址既大，高下不齐，废园荒圃，在黑夜中更是神秘，当夜我们就在正殿塑像下秉烛洗脸铺床，同时细察梁架，知其非近代物。这殿奇高，烛影之中，印象森然。

第二天起来忙到兴唐寺去，一夜的希望顿成泡影。兴唐寺虽在山中，却不知如何竟已全部拆建，除却几座清式的小殿外，还加洋式门面等等；新塑像极小，或罩以玻璃框，鄙俗无比，全庙无一样值得纪录的。

中镇庙虽非我们初时所属意，来后倒觉得可以略略研究一下。据《山西古物古迹调查表》，谓庙之创建在隋开皇十四年，其实就形制上看来，恐最早不过元代。

殿身五间，周围廊，重檐歇山顶。上檐施单抄单下昂五铺作斗栱，下檐则仅单下昂。斗栱颇大，上下檐俱用补间铺作一朵。昂嘴细长而直；耍头前面微鱖，而上部圆头突起，至为奇特。

太原县　晋祠

晋祠离太原仅五十里，汽车一点多钟可达，历来为出名的“名胜”，闻人名士由太原去游览的风气自古盛行。我们在探访古建的习惯中，多对“名胜”怀疑：因为最是“名胜”容易遭“重修”乃至于“重建”的大毁坏，原有建筑故最难得保存！所以我们虽然知道晋祠离太原近在咫尺，且在太原至汾阳的公路上，我们亦未尝预备去访“胜”的。

直至赴汾的公共汽车上了一个小小山坡，绕着晋祠的背后过去时，忽然间我们才惊异的抓住车窗，望着那一角正殿的侧影，爱不忍释。相信晋祠虽成“名胜”却仍为“古迹”无疑。那样魁伟的殿顶，雄大的斗栱，深远的出檐，到汽车过了对面山坡时，尚巍巍在望，非常醒目。晋祠全部的布置，则因有树木看不清楚，但范围不小，却也是一望可知。

我们惭愧不应因其列为名胜而即定其不古，故相约一月后归途至此下车，虽不能详察或测量，至少亦得浏览摄影，略考其年代结构。

由汾回太原时我们在山西已过了月余的旅行生活，心力俱疲，远带着种种行李什物，诸多不便，但因那一角殿宇常在心目中，无论如何不肯失之交臂，所以到底停下来预备作半日的勾留，如果错过那末后一趟公共汽车回太原的话，也只好听天由命，晚上再设法露宿或住店！

在那种不便的情形下，带着一不做，二不休的拼命心理，我们下了那挤到水泄不通的公共汽车，在大堆行李中捡出我们的“粗重细软”——由杏花村的酒坛子到峪道河边的兰芝种子——累累赘赘的，背着掮着，到车站里安顿时，我们几乎埋怨到晋祠的建筑太像样——如果花花簇簇的来个乾隆重建，我们这些麻烦不全省了么？

但是一进了晋祠大门，那一种说不出的美丽辉映的大花园，使我们惊喜愉悦，过于初时的期望。无以名之，只得叫它做花园。其实晋祠布置又像庙观的院落，又像华丽的宫苑，全部兼有开敞堂皇的局面和曲折深邃的雅趣，大殿楼阁在古树娑婆池流映带之间，实像个放大的私家园亭。

所谓唐槐周柏，虽不能断其为原物，但枝干奇伟，虬曲横卧，煞是可观。池水清碧，游鱼闲逸，还有后山石级小径楼观石亭各种衬托。各殿雄壮，巍然其间，使初进园时的印象，感到俯仰堂皇，左右秀媚，无所不适。虽然再进去即发见近代名流所增建的中西合壁的丑怪小亭子等等，夹杂其间。

圣母庙为晋祠中间最大的一组建筑；除正殿外，尚有前面“飞梁”（即十字木桥），献殿及金人台，牌楼等等，今分述如下：

正　殿　晋祠圣母庙大殿，重檐歇山顶，面阔七间进深六间，平面几成方形，在布置上，至为奇特。殿身五间，副阶周匝。但是前廊之深为两间，内槽深三间，故前廊异常空敞，在我们尚属初见。

斗栱的分配，至为疏朗。在殿之正面，每间用补间铺作一朵，侧面则仅梢间用补间铺作。下檐斗栱五铺作，单栱出两跳；柱头出双下昂，补间出单抄单下昂。上檐斗栱六铺作，单栱出三跳，柱头出双抄单下昂，补间出单抄双下昂，第一跳偷心，但饰以翼形栱。但是在下昂的形式及用法上，这里又是一种未曾得见的奇例。柱头铺作上极长大的昂嘴两层，与地面完全平行，与柱成正角，下面平，上面斫𩑶，并未将昂嘴向下斜斫或斜插，亦不求其与补间铺作的真下昂平行，完全真率的坦然放在那里，诚然是大胆诚实的做法。在补间铺作上，第一层昂昂尾向上挑起，第二层则将与令栱相交的耍头加长斫成昂嘴形，并不与真昂平行的向外伸出。这种做法与正定龙兴寺摩尼殿斗栱极相似，至于其豪放生动，似较之尤胜。在转角铺作上，各层昂及由昂均水平的伸出，由下面望去，颇呈高爽之象。山面除梢间外，均不用补间铺作。

斗栱彩画与《营造法式》卷三十四“五彩遍装”者极相似。虽属后世重装，当是古法。

这殿斗栱俱用单栱，泥道单栱上用柱头枋四层，各层枋间用斗垫托。阑额狭而高，上施薄而宽的普拍枋。角柱上只普拍枋出头，阑额不出。平柱至角柱间，有显著的生起。梁架为普通平置的梁，殿内因黑暗，时间匆促，未得细查。前殿因深两间，故在四椽栿上立童柱，以承上檐，童柱与相对之内柱间，除斗栱上之乳栿及札牵外，柱头上更用普拍枋一道以相固济。

按卫聚贤《晋祠指南》，称圣母庙为宋天圣年间建。由结构法及外形姿势看来，较《营造法式》所订的做法的确更古拙豪放，天圣之说当属可靠。

献　殿　献殿在正殿之前，中隔放生池。殿三间，歇山顶。与正殿结构法手法完全是同一时代同一规制之下的。斗栱单栱五铺作；柱头铺作双下昂，补间铺作单抄单下昂，第一跳偷心，但饰以小小翼形栱。正面每间用补间铺作一朵，山面惟正中间用补间铺作。柱头铺作的双下昂，完全平置，后尾承托梁下，昂嘴与地面平行，如正殿的昂。补间则下昂后尾挑起，耍头与令栱相交，长长伸出，斫作昂嘴形。两殿斗栱外面不同之点，惟在令栱之上，正殿用通长的挑檐枋，而献殿则用替木。斗栱后尾惟下昂挑起，全部偷心，第二跳跳头安梭形“栱”，单独的昂尾挑在平榑之下。至于柱额普拍枋，与正殿完全相同。

献殿的梁架，只是简单的四椽栿上放一层平梁，梁身简单轻巧，不弱不费，故能经久不坏。

殿之四周均无墙壁，当心间前后辟门，其余各间在坚厚的槛墙之上安直棂栅栏，如《营造法式》小木作中之义子，当心间门扇亦为直棂栅栏门。

殿前阶基上铁狮子一对，极精美，筋肉真实，灵动如生。左狮胸前文曰“太原文水弟子郭丑牛兄……政和八年四月二十六日”，座后文为“灵石县任章常柱任用段和定……”，右狮字不全，只余“乐善”二字。

飞　梁　正殿与献殿之间，有所谓“飞梁”者，横跨鱼沼之上。在建筑史上，这“飞梁”是我们现在所知的惟一的孤例。本刊五卷一期中，刘敦桢先生在《石轴柱桥述要》一文中，对于石柱桥有详细的伸述，并引《关中记》及《唐六典》中所纪录的石柱桥。就晋祠所见，则在池中立方约三十公分的石柱若干，柱上端微卷杀如殿宇之柱；柱上有普拍枋相交，其上置斗，斗上施十字栱相交，以承梁或额。在形制上这桥诚然极古，当与正殿献殿属于同一时期。而在名称上尚保存着古名，谓之飞梁，这也是极罕贵值得注意的。

金　人　献殿前牌楼之前，有方形的台基，上面四角上各立铁人一，谓之金人台。四金人之中，有两个是宋代所铸，其西南角金人胸前铸字，为宋故绵州魏城令刘植……等于绍圣四年立。像塑法平庸，字体尚佳。其中两个近代补铸，一清朝，一民国，塑铸都同等的恶劣。

晋祠范围以内，尚有唐叔虞祠，关帝庙等处，匆促未得入览，只好俟诸异日。唐贞观碑原石及后代另摹刻的一碑均存，且有碑亭妥为保护。

山西民居

门　楼　山西的村落无论大小，很少没有一个门楼的。村落的四周，并不一定都有围墙，但是在大道入村处，必须建一座这种纪念性建筑物，提醒旅客，告诉他又到一处村镇了。河北境内虽也有这种布局，但究竟不如山西普遍。

山西民居的建筑也非常复杂，由最简单的穴居到村里深邃富丽的财主住宅院落，到城市中紧凑细致的讲究房子，颇有许多特殊之点，值得注意的。但限于篇幅及不多的相片，只能略举一二，详细分类研究，只能等候以后的机会了。

穴　居　穴居之风，盛行于黄河流域，散见于河南，山西，陕西，甘肃诸省，龙非了先生在本刊五卷一期《穴居杂考》一文中，已讨论得极为详尽。这次在山西随处得见；穴内冬暖夏凉，住居颇为舒适，但空气不流通，是一个极大的缺憾。穴窑均作抛物线形，内部有装饰极精者，窑壁抹灰，乃至用油漆护墙。窑内除火炕外，更有衣橱桌椅等等家具。窑穴时常据在削壁之旁，成一幅雄壮的风景画，或有穴门权衡优美纯净，可在建筑术中称上品的。

砖　窑　这并非北平所谓烧砖的窑，乃是指用砖发券的房子而言。虽没有向深处研究，我们若说砖窑是用砖来模仿崖旁的土窑，当不至于大错。这是因住惯了穴居的人，要脱去土窑的短处，如潮湿，土陷的危险等等，而保存其长处，如高度的隔热力等，所以用砖砌成窑形，三眼或五眼，内部可以互通。为要压下券的推力，故在两旁须用极厚的墙墩：为要使券顶坚固，故须用土作撞券。这种极厚的墙壁，自然有极高的隔热力的。

这种窑券顶上，均用砖墁平，在秋收的时候，可以用作曝晒粮食的露台。或防匪时村中临时城楼，因各家窑顶多相联，为便于升上窑顶，所以窑旁均有阶级可登。山西的民居，无论贫富，什九以上都有砖窑或土窑的，乃至在寺庙建筑中，往往也用这种做法。在赵城至霍山途中，路过一所建筑中的砖窑，颇饶趣味。

在这里我们要特别介绍在霍山某民居门上所见的木版印门神，那种简洁刚劲的笔法，是匠画中所绝无仅有的。

磨　坊　磨坊虽不是一种普通的民居，但是住着却别有风味。磨坊利用急流的溪水做发动力，所以必须引水入庭院而入室下，推动机轮，然后再循着水道出去流入山溪。因磨粉机不息的震动，所以房子不能用发券，而用特别粗大的梁架。因求面粉洁净，坊内均铺光润的地板。凡此种种，都使得磨坊成一种极舒适凉爽，又富有雅趣的住处，尤其是峪道河深山深溪之间，世外桃源里，难怪被洋人看中做消夏最合宜的别墅。

由全部的布局上看来，山西的村野的民居，最善利用地势，就山崖的峻缓高下，层层叠叠，自然成画！使建筑在它所在的地上，如同自然由地里长出来，权衡适宜，不带丝毫勉强，无意中得到建筑术上极难得的优点。

农庄内民居　就是在很小的村庄之内，庄中富有的农人也常有极其讲究的房子，这种房子和北方城市中的“瓦房”同一模型，皆以“四合头”为基本，分配的形式，中加屏门，垂花门等等。其与北平通常所见最不同处有四点：

一、在平面上，假设正房向南，东西厢房的位置全在北房“通面阔”的宽度以内，使正院成一南北长东西窄，狭长的一条，失去四方的形式。这个布置在平面上当然是省了许多地盘，比将厢房移出正房通面阔以外经济，且因其如此，正房及厢房的屋顶（多半平顶）极容易联络，石梯的位置，就可在厢房北头，夹在正房与厢房之间，上到某程便可分两面，一面旁转上到厢房顶，又一面再上几级可达正房顶。

二、虽说是瓦房，实仍为平顶砖窑，仅留前廊或前檐部分用斜坡青瓦。侧面看去实像砖墙前加用“雨搭”。

三、屋外观印象与所谓三开间同，但内部却仍为三窑眼，窑与窑间亦用发券门，印象完全不似寻常堂屋。

四、屋的后面女儿墙上做成城楼式的箭垛，所以整个房子后身由外面看去直成一座堡垒。

城市中民居 如介休灵石城市中民房与村落中讲究的大同小异，但多有楼，如用窑造亦仅限于下层。城中房屋栉比，拥挤不堪，平面布置尤其经济，不多占地盘，正院普通的更瘦窄。

一房与他房间多用夹道，大门多在曲折的夹道内，不像北平房子之庄重均衡，虽然内部则仍沿用一正两厢的规模。

这种房子最特异之点，在瓦坡前后两片不平均的分配。房脊靠后许多，约在全进深四分之三的地方，所以前坡斜长，后坡短促，前檐玲珑，后墙高垒，作内秀外雄的样子，倒极合理有趣。

赵城霍州的民房所占地盘较介休一般从容得多。赵城房子的檐廊部分尤多繁富的木雕，院内真是画梁雕栋琳琅满目，房子虽大，联络甚好，因厢房与正屋多相连属，可通行。

山庄财主的住房 这种房子在一个庄中可有两三家，遥遥相对，仍可以令人想象到当日的气焰。其所占地面之大，外墙之高，砖石木料上之工艺，楼阁别院之复杂，均出于我们意料之外甚多。灵石往南，在汾水东西有几个山庄，背山临水，不宜耕种，其中富户均经商别省，发财后回来筑舍显耀宗族的。

房子造法形式与其他山西讲究房子相同，但较近于北平官式，做工极其完美。外墙石造雄厚惊人，有所谓“百尺楼”者，即此种房子的外墙，依着山崖筑造，楼居其上。由庄外遥望，十数里外犹可见，百尺矗立，崔嵬奇伟，足镇山河，为建筑上之荣耀！

结　尾

这次晋汾一带暑假的旅行，正巧遇着同蒲铁路兴工期间，公路被毁，给我们机会将三百余里的路程，慢慢的细看，假使坐汽车或火车，则有许多地方都没有停留的机会，我们所错过的古建，是如何的可惜。

山西因历代争战较少，故古建筑保存得特多。我们以前在河北及晋北调查古建筑所得的若干见识，到太原以南的区域，若观察不慎，时常有以今乱古的危险。在山西中部以南，大个儿斗栱并不希罕，古制犹存。但是明清期间山西的大斗栱，栱斗昂嘴的卷杀极其弯矫，斜栱用得毫无节制，而斗栱上加入纤细的三福云一类的无谓雕饰，允其曝露后期的弱点，所以在时代的鉴别上，仔细观察，还不十分扰乱。

殿宇的制度，有许多极大的寺观，主要的殿宇都用悬山顶，如赵城广胜下寺的正殿前殿，上寺的正殿等，与清代对于殿顶的观念略有不同。同时又有多种复杂的屋顶结构，如霍县火星圣母庙，文水县开栅镇圣母庙等等，为明清以后官式建筑中所少见。有许多重要的殿宇，檐椽之上不用飞椽，有时用而极短。明清以后的作品，雕饰偏于繁缛，尤其屋顶上的琉璃瓦，制瓦者往往为对于一件一题雕塑的兴趣所驱，而忘却了全部的布局，甚悖建筑图案简洁的美德。

发券的建筑，为山西一个重要的特征，其来源大概是由于穴居而起，所以民居庙宇莫不用之，而自成一种特征，如太原的永祚寺大雄宝殿，是中国发券建筑中的主要作品，我们虽然怀疑它是受了耶稣会士东来的影响，但若没有山西原有通用的方法，也不会形成那样一种特殊的建筑的。在券上筑楼，也是山西的一种特征，所以在古剧里，凡以山西为背景的，多有上楼下楼的情形，可见其为一种极普遍的建筑法。

赵城县广胜寺在结构上最特殊，寺旁明应王殿的壁画，为壁画不以佛道为题材的惟孤例，所以我们在最近的将来，即将前往详究。晋祠圣母庙的正殿，飞梁，献殿，为宋天圣间重要的遗构，我们也必须去作进一步的研究的。

十一　云冈石窟中所表现的北魏建筑

廿二年九月间，营造学社同人，趁着到大同测绘辽金遗建华严寺，善化寺等之便，决定附带到云冈去游览，考察数日。

云冈灵岩石窟寺，为中国早期佛教史迹壮观。因天然的形势，在绵亘峭立的岩壁上，凿造龛像建立寺宇，动伟大的工程，如《水经注》漯水条所述“凿石开山，因岩结构，真容巨壮，世法所希，山堂木殿，烟寺相望，”又如《续高僧传》中所描写的“面别镌像，穷诸巧丽，龛别异状，骇动人神……”则这灵岩石窟更是后魏艺术之精华——中国美术史上一个极重要时期中难得的大宗实物遗证。

但是或因两个极简单的原因，这云冈石窟的雕刻，除掉其在宗教意义上，频受人民香火，偶遭帝王巡幸礼拜外，十数世纪来直到近三十余年前，在这讲究金石考古学术的中国里，却并未有人注意及之。

我们所疑心的几个简单的原因，第一个浅而易见的，自是地处边僻，交通不便。第二个原因，或是因为云冈石窟诸刻中，没有文字。窟外或崖壁上即使有，如《续高僧传》中所称之碑碣，却早已漫没不存痕迹，所以在这偏重碑拓文字的中国金石学界里，便引不起什么注意。第三个原因，是士大夫阶级好排斥异端，如朱彝尊的《云冈石佛记》，即其一例，宜其湮没千余年，

注：原载于1933年12月《中国营造学社汇刊》第3卷3~4期，署名：梁思成、林徽因、刘敦桢。

不为通儒硕学所称道。

近人中，最早得见石窟，并且认识其在艺术史方面的价值和地位：发表文章；记载其雕饰形状；考据其兴造年代的，当推日人伊东，和新会陈援庵先生，此后专家作有统系的调查和详细摄影的，有法人沙畹（Chavannes），日人关野贞，小野诸人，各人的论著均以这时期因佛教的传布，中国艺术固有的血脉中，忽然掺杂旺而有力的外来影响，为可重视。且西域所传入的影响，其根苗可远推至希腊古典的渊源，中间经过复杂的途径，迤逦波斯，蔓延印度，更推迁至西域诸族，又由南北两路健驮罗及西藏以达中国。这种不同文化的交流濡染，为历史上最有趣的现象，而云冈石刻便是这种现象，极明晰的实证之一种，自然也就是近代治史者所最珍视的材料了。

根据着云冈诸窟的雕饰花纹的母题（motif）及刻法，佛像的衣褶容貌及姿势，断定中国艺术约莫由这时期起，走入一个新的转变，是毫无问题的。以汉代遗刻中所表现的一切戆直古劲的人物车马花纹，与六朝以还的佛像饰纹和浮雕的草叶、璎珞、飞仙等相比较，则前后判然不同的倾向，一望而知。仅以刻法而论，前者单简冥顽，后者在质朴中，忽而柔和生动，更是相去悬殊。

但云冈雕刻中，“非中国”的表现甚多；或显明承袭希腊古典宗脉；或繁富的掺杂印度佛教艺术影响；其主要各派原素多是囫囵包并，不难历历辨认出来的。因此又与后魏迁洛以后所建伊阙石窟——即龙门——诸刻稍不相同。以地点论，洛阳伊阙已是中原文化中心所在；以时间论，魏帝迁洛时，距武州凿窟已经半世纪之久；此期中国本有艺术的风格，得到西域袭入的增益后，更是根深蒂固，一日千里，反将外来势力积渐融化，与本有的精神冶于一炉。

云冈雕刻既然上与汉刻迥异，下与龙门较，又有很大差别，其在中国艺术史中，固自成一特种时期。近来中西人士对于云冈石刻更感兴趣，专程到那里谒拜鉴赏的，便成为常事，摄影翻印，到处可以看到。同人等初意不过是来大同机会不易，顺便去灵岩开开眼界，瞻仰后魏艺术的重要表现；如果获得一些新的材料，则不妨图录笔记下来，作一种云冈研究补遗。以前从搜集建筑实物史料方面，我们早就注意到云冈，龙门，及天龙山等处石刻上“建筑的”（architectural）价值，所以造像之外，影片中所呈示的各种浮雕花纹及建筑部分（若门楣，栏杆，柱塔等等）均早已列入我们建筑实物史料的档库。这次来到云冈，我们得以亲自抚摩这些珍罕的建筑实物遗证，同行诸人，不约而同的第一转念，便是作一种关于云刀石窟“建筑的”方面比较详尽的分类报告。

这“建筑的”方面有两种：一是洞本身的布置，构造，及年代，与敦煌印度之差别等等，这个倒是比较简单的；一是洞中石刻上所表现的北魏建筑物及建筑部分，这后者却是个大大有意思的研究，也就是本篇所最注重处，亦所以命题者。然后我们当更讨论到云冈飞仙的雕刻，及石刻中所有的雕饰花纹的题材，式样等等，最后当在可能范围内，研究到窟前当时，历来，及现在的附属木构部分，以结束本篇。

一　洞名

云冈诸窟，自来调查者各以主观命名，所根据的，多倚赖于传闻，以讹传讹，极不一致。如沙畹书中未将东部四洞列入，仅由东部算起；关野虽然将东部补入，却又遗漏中部西端三洞。致于伊东最早的调查，只限于中部诸洞，把东西二部全体遗漏，虽说时间短促，也未免遗漏太厉害了。

本文所以要先厘定各洞名称，俾下文说明，有所根据。兹依云冈地势分云冈为东、中、西三大部。每部自东迄西，依次排号；小洞无关重要者从略。再将沙畹，关野，小野三人对于同一洞的编号及名称，分行列于底下，以作参考。

东部

沙畹命名	关野命名（附中国名称）	小野调查之名称
第一洞	No.1（东塔洞）	石鼓洞
第二洞	No.2（西塔洞）	寒泉洞
第三四	No.3（隋大佛洞）	灵岩寺洞
第四洞	No.4	

中部

第一洞 No.1	No.5（大佛洞）	阿弥陀佛洞
第二洞 No.2	No.6（大四面佛洞）	释迦佛洞
第三四 No.3	No.7（西来第一佛洞）	准提阁菩萨洞
第四洞 No.4	No.8（佛籁洞）	佛籁洞
第五洞 No.5	No.9（释迦洞）	阿佛闪洞
第六洞 No.6	No.10（持钵佛洞）	毗庐佛洞
第七洞 No.7	No.11（四面佛洞）	接引佛洞
第八洞 No.8	No.12（椅像洞）	离垢地菩萨洞
第九洞 No.9	No.13（弥勒洞）	文殊菩萨洞

西部

第一洞 No.16	No.16（立佛洞）	接引佛洞
第二洞 No.17	No.17（弥勒三尊洞）	阿闪佛洞
第三洞 No.18	No.18（立三佛洞）	阿闪佛洞
第四洞 No.19	No.19（大佛三洞）	宝生佛洞
第五洞 No.20	No.20（大露佛）	白佛耶洞
第六洞 No.21	（塔洞）	千佛洞

本文仅就建筑与装饰花纹方面研究，凡无重要价值的小洞，如中部西端三洞与西部东端二洞，均不列入，故篇中名称，与沙畹、关野两人的号数不合。此外云冈对岸西小山上，有相传造像工人所凿，自为功德的鲁班窑二小洞；和云冈西七里姑子庙地方，被川水冲毁，仅余石壁残像的尼寺石祇洹舍，均无关重要，不在本文范围以内。

二　洞的平面及其建造年代

云冈诸窟中，只是西部第一到第五洞，平面作椭圆形，或杏仁形，与其他各洞不同。关野常盘合著的《支那佛教史迹》第二集评解，引魏书兴光元年，于五缎大寺为太祖以下五帝铸铜像之例，疑此五洞亦为纪念太祖以下五帝而设，并疑《魏书释老志》所言昙曜开窟五所，即此五洞，其时代在云冈诸洞中为最早。

考《魏书释老志》卷百十四原文："兴光元年秋，敕有司于五缎大寺内，为太祖以下五帝，铸释迦立像五，各长一丈六尺。……太安初，有师子国胡沙门邪奢遗多浮随难提等五人，奉佛像三到京都，皆云备历西域诸国，见佛影迹及肉髻，外国诸王相承，咸遣工匠摹写其容，莫能及难提所造者。去十余步视之炳然，转近转微。又沙勒胡沙门赴京致佛体，并画像迹。和平初，师贤卒，昙曜代之，更名沙门统。初，昙曜以复法之明年，自中山被命赴京，值帝出，见于路，……帝后奉以师礼。昙曜白帝，于京城西武州塞，凿山石壁，开窟五所，镌建佛像各一，高者七十尺，次六十足。雕饰奇伟，冠于一世。"

所谓"复法之明年"，自是兴安二年（公元四五三），魏文成帝即位的第二年，也就是太武帝崩后第二年。关于此书，有《续高僧传》昙曜传中一段记载，年月非常清楚："先是太武皇帝太平真君七年，司徒崔皓令帝崇重道士寇谦之，拜为天师，珍敬老氏。虔刘释种，焚毁寺塔。至庚寅年（太平真君十一年），太武感疠疾，方始开悟。帝心既悔，咏夷崔氏。至壬辰年（太平真君十三年亦即，安兴元年）太武云崩，子文成立，即起塔寺，搜访经典。毁法七载，三宝还兴；曜慨前陵废，欣今重复……”由太平真君七年毁法，到兴安元年“起塔寺”“访经典”的时候，正是前后七年，故有所谓“毁法七载，三宝还兴”的话；那么无疑的“复法之明年”，即是兴安二年了。

所可疑的只是:（一）到底昙曜是否在“复法之明年”见了文成帝便去开窟；还是到了“和平初，师贤卒”他像了沙门统之后，才“白帝于京城西……开窟五所”？这里前后就有八年的差别，因魏文成帝于兴安二年后改号兴光，一年后又改太安，太安共五年，才改号和平的。（二）《释老志》文中“后帝奉以师礼，曜白帝于京城西……”这里“后”字，亦颇蹊跷。到底这时候，距昙曜初见文成帝时候有多久？见文成帝之年固为兴安二年，他禀明要开窟之年（即使不待他做了沙门统），也可在此后两三年，三四年之中，帝奉以师礼之后！

总而言之，我们所知道的只是昙曜于兴安二年（公元四五三）入京见文成帝，到和平初年（公元四六〇）做了沙门统。至于武州塞五窟，到底是在这八年中的哪一年兴造的，则不能断定了。

《释老志》关于开窟事，和兴光元年铸像事的中间，又记载那一节大安初师子国（锡兰）胡沙门难提等奉像到京都事。并且有很恭维难提摹写佛容技术的话。这个令人颇疑心与石窟镌像，有相当瓜葛。即不武断的说，难提与石窟巨像，有直接关系，因难提造像之佳，“视之炳然”，而猜测他所摹写的一派佛容，必然大大的影响当时佛像的容貌，或是极合理的。云冈诸刻虽多犍陀罗影响，而西部五洞巨像的容貌衣褶，却带极浓厚的中印度气味的。

至于《释老志》，“昙曜开窟五所”的窟，或即是云冈西部的五洞，此说由云冈石窟的平面方面看起来，我们觉得更可以置信。（一）因为它们的平面配置，自成一统系，又自左至右五洞，适相联贯。（二）此五洞皆有本尊像及胁侍，面貌最富异国情调，与他洞佛像大异。（三）洞内壁面列无数小龛小佛，雕刻甚浅，没有释迦事迹图。塔与装饰花纹亦甚少，和中部诸洞不同。

（四）洞的平面由不规则的形体，进为有规则之方形或长方形，乃工作自然之进展与要求。因这五洞平面的不规则，故断定其开凿年代必最早。

《支那佛教史迹》第二集评解中，又谓中部第一洞为孝文帝纪念其父献文帝所造，其时代仅次干西部五大洞。因为此洞平面前部，虽有长方形之外室，后部仍为不规则之形体，乃过渡时代最佳之例。这种说法，固甚动听，但文献上无佐证，实不能定谳。

中部第三洞，有太和十三年铭刻；第七洞窗东侧，有太和十九年铭刻，及洞内东壁曾由叶恭绰先生发现之太和七年铭刻。文中有“邑义信士女等五十四人……共相劝合为国兴福，敬造石庙形象九十五区及诸菩萨，愿以此福……”等等。其他中部各洞全无考。但就佛容及零星雕刻作风而论，中部偏东诸洞，仍富于异国情调。偏西诸洞，虽洞内因石质风化过甚，形象多经后世修葺，原有精神完全失掉，而洞外崖壁上的刻像，石质较坚硬，刀法伶俐可观，佛貌又每每微长，口角含笑，衣褶流畅精美，渐类龙门诸像。已是较晚期的作风无疑。和平初年到太和七年，已是二十三年，实在不能不算是一个相当的距离。且由第七洞更偏西去的诸洞，由形势论，当是更晚的增辟，年代当又在太和七年后若干年了。

西部五大洞之外，西边无数龛洞（多已在崖面成浅龛），以作风论，大体较后于中部偏东四洞，而又较古于中部偏西诸洞。但亦偶有例外，如西部第六洞的洞口东侧，有太和十九年铭刻，与其东侧小洞，有延昌年间的铭刻。

我们认为最希奇的是东部未竣工的第三洞。此洞又名灵岩，传为昙曜的译经楼，规模之大，为云冈各洞之最。虽未竣工，但可看出内部佛像之后，原计划似预备凿通，俾可绕行佛后的。外部更在洞顶崖上，凿出独立的塔一对，塔后石壁上，又有小洞一排，为他洞所无。以事实论，颇疑此洞因孝文帝南迁洛阳，在龙门另营石窟，平城（即大同）日就衰落，故此洞工作，半途中辍，但确否尚需考证。以作风论，关野常盘谓第三洞佛像在北魏与唐之间，疑为隋炀帝纪念其父文帝所建。新海中川合著之《云冈石窟》竟直称为初唐遗物。这两说未免过于武断。事实上，隋唐皆都长安洛阳，决无于云冈造大窟之理，史上亦无此先例。且即根据作风来察这东部大洞的三尊巨像的时代，也颇有疑难之处。

我们前边所称，早期异国情调的佛像，面容为肥圆的；其衣纹细薄，贴附于像身（所谓湿褶纹者）；佛体呆板，僵硬，且权衡短促；与他像修长微笑的容貌，斜肩而长身，质实垂重的衣裾褶纹，相较起来，显然有大区别。现在这里的三像，事实上虽可信其为云冈最晚的工程，但像貌，衣褶，权衡，反与前者，所谓异国神情者，同出一辙，骤反后期风格。

不过在刀法方面观察起来，这三像的各样刻工，又与前面两派不同，独成一格。这点在背光和头饰的上面，尤其显著。

这三像的背光上火焰，极其回绕柔和之能事，与西部古劲挺强者大有差别；胁侍菩萨的头饰则繁富精致（ornate），花纹更柔圆近于唐代气味（论者定其为初唐遗物，或即为此）。佛容上，耳，鼻，手的外廓刻法，亦肥圆避免锐角，项颈上三纹堆叠，更类他处隋代雕像特征。

这样看来，这三像岂为早期所具规模，至后（迁洛前）才去雕饰的，一种特殊情况下遗留的作品？不然，岂太和以后某时期中云冈造像之风暂敛，至孝文帝迁都以前，镌建东部这大洞时，刻像的手法乃大变，一反中部风格，倒去模仿西部五大洞巨像的神气？再不然，即是兴造此洞时，在佛像方面，有指定的印度佛像作模型镌刻。关于这点，文献上既苦无材料帮同消解这种种哑谜。东部未竣工的大洞兴造年代，与佛像雕刻时期，到底若何，怕仍成为疑问，不是从前论断者所见得的那么简单“洞未完竣而辍工”。近年偏西次洞又遭凿毁一角，东部这三洞，灾故又何多？

现在就平面及雕刻诸点论，我们可约略的说：西部五大洞建筑年代最早，中部偏东诸大洞次之，西部偏西诸洞又次之。中部偏西各洞及崖壁外大龛再次之。东部在雕刻细工上，则无疑的在最后。

离云冈全部稍远，有最偏东的两塔洞，塔居洞中心，注重于建筑形式方面，瓦檐，斗栱及支柱，均极清晰显明，佛像反模糊无甚特长，年代当与中部诸大洞前后相若；尤其是释迦事迹图，宛似中部第二洞中所有。

就塔祠论，洞中央之塔柱雕大尊像者较早之，雕楼阁者次之。详下文解释。

三　石窟的源流问题

石窟的制作受佛教之启迪，毫无疑问，但印度 Ajanta 诸窟之平面，比较复杂，且纵穴甚深，内有支提塔，有柱廊，非我国所有。据 Von Le Coq 在新疆所调查者，其平面以一室为最普通，亦有二室者。室为方形，较印度之窟简单，但是诸窟的前面用走廊连贯，骤然看去，多数的独立的小窟团结一气，颇觉复杂，这种布置，似乎在中国窟与印度窟之间。

敦煌诸窟，伯希和书中没有平面图，不得知其详。就像片推测，有二室联结的。有塔柱，四面雕佛像的。室的平面，也是以方形和长方形居多。疑与新疆石窟是属于一个系统，只因没有走廊联络，故更为简单。

云冈中部诸洞，大半都是前后两间。室内以方形和长方形为最普通。当然受敦煌及西域的影响较多，受印度的影响较少。所不可解者，昙曜最初所造的西部五大窟，何以独作椭圆形，杏仁形，其后中部诸洞，始与敦煌等处一致？岂此五洞出自昙曜及其工师独创的意匠？抑或受了敦煌西域以外的影响？在全国石窟尚未经精密调查的今日，这个问题又只得悬起待考了。

四　石刻中所表现的建筑形式

（一）塔

云冈石窟所表现的塔分两种：一种是塔柱，另一种便是壁面上浮雕的塔。

甲　塔柱是个立体实质的石柱，四面镂着佛像，最初塔柱是模仿印度石窟中的支提塔，纯然为信仰之对象。这种塔柱立在中央，为的是僧众可以绕行柱的周围，礼赞供养。伯希和《敦煌图录》中认为北凉建造的第一百十一洞，就有塔柱，每面皆琢佛像。云冈东部第四洞，及中部第二洞，第七洞，也都是如此琢像在四面的，其受敦煌影响，当没有疑问。所宜注意之点，则是由支提塔变成四面雕像的塔柱，中间或尚有其过渡形式，未经认识，恐怕仍有待于专家的追求。

稍晚的塔柱，中间佛像缩小，柱全体成小楼阁式的塔，每面镂刻着檐柱，斗栱，当中刻门栱形（有时每面三间或五间），浮雕佛像，即坐在门栱里面。虽然因为连着洞顶，塔本身没有顶部，但底下各层，实可做当时木塔极好的模型。

与云冈石窟同时或更前的木构建筑，我们固未得见，但《魏书》中有许多建立多层浮图的记载，且《洛阳伽蓝记》中所描写的木塔，如熙平元年（公元五一六）胡太后所建之永宁寺九层浮图，距云冈开始造窟仅五十余年，木塔营建之术，则已臻极高程度，可见半世纪前，三五层木塔，必已甚普通。至于木造楼阁的历史，根据史料，更无疑的已有相当年代，如《后汉书》陶谦传，说“笮融大起浮屠寺，上累金盘，下为重楼”。而汉刻中，重楼之外，陶质冥器中，且有极类塔形的三层小阁，每上一层面阔且递减。故我们可以相信云冈塔柱，或浮雕上的层塔，必定是本着当时的木塔而镌刻的，绝非臆造的形式。因此云冈石刻塔，也就可以说是当时木塔的石仿模型了。

属于这种的云冈独立塔拄，共有五处，平面皆方形（《伽蓝记》中木塔亦谓“有四面”）列表如下：

东部第一洞　　二层　　每层一间

东部第二洞　　三层　　每层三间

中部东部谷中塔洞　　五层？　　每层？间

西部第六洞　　五层　　每层五间

中部第二洞　中间四大佛像　四角四塔柱　九层　每层三间

上列五例，以西部第六洞的塔柱为最大，保存最好。塔下原有台基。惜大部残毁不能辨认，上边五层重叠的阁，面阔与高度成递减式，即上层面阔同高度，比下层每次减少，使外观安稳隽秀。这个是中国木塔重要特征之一，不意频频见于北魏石窟雕刻上，可见当时木塔主要形式已是如此，只是平面，似尚限于方形。

日本奈良法隆寺，借高丽东渡僧人监造，建于隋炀帝大业三年（公元六〇七），间接传中国六朝建筑形制。虽较熙平元年永宁寺塔，晚几一世纪，但因远在外境，形制上亦必守旧，不能如文化中区的迅速精进。法隆寺塔共五层，平面亦是方形；建筑方面已精美成熟，外表玲珑开展。推想在中国本土，先此百余年时，当已有相当可观的木塔建筑无疑。

至于建筑主要各部，在塔柱上亦皆镌刻完备，每层的阁所分各间，用八角柱区隔，中雕龛栱及像（龛有圆栱，五边栱两种间杂而用）柱上部放坐斗，载额枋，额枋上不见平板枋。斗栱仅柱上用一斗三升；补间用“人字栱”；檐椽只一层，断面作圆形，椽到阁的四隅作斜列状，有时檐角亦微微翘起。椽与上部的瓦陇间隔，则上下一致。最上层因须支撑洞的天顶，所以并无似浮雕上所刻的刹柱相轮等等。除此之外，所表现各部，都是北魏木塔难得的参考物。

又东部第一洞第二洞的塔柱，每层四隅皆有柱，现仅第二洞的尚存一部分。柱断面为方形，微去四角。旧时还有栏杆围绕，可惜全已毁坏。第一洞廊上的天花作方格式，还可以辨识。

中部第二洞的四小塔柱，位于刻大像的塔柱上层四隅。平面亦方形。阁共九层，向上递减至第六层。下六层四隅，有凌空支立的方柱。这四个塔柱因平面小，故檐下比较简单，无一斗三升的斗栱，人字栱及额枋。柱是直接支于檐下，上有大坐斗，如同多立克式柱头（Doric order），更有意思的，就是檐下每龛门栱上，左右两旁有伸出两卷瓣的栱头，与奈良法隆寺金堂上“云肘木”（即云形栱）或玉虫厨子柱上的“受肘木”极其相似，惟底下为墙，且无柱故亦无坐斗。

这几个多层的北魏塔型，又有个共有的现象，值得注意的，便是底下一层檐部，直接托住上层的阁，中间没有平坐。此点即奈良法隆寺五层塔亦如是。阁前虽有勾阑，却非后来的平坐，因其并不伸出阁外，另用斗栱承托着。

乙　浮雕的塔，遍见各洞，种类亦最多。除上层无相轮，仅刻忍冬草纹的，疑为浮雕柱的一种外（伊东因其上有忍冬草，称此种作哥林特式柱 Corinthian order）其余列表如下：

一层塔——① 上方下圆，有相轮五重。见中部第二洞上层，及中部第九洞。

② 方形。见中部第九洞。

三层塔——平面方形，每层间数不同。

① 见中部第七洞，第一层一间，第二层二间，第三层一间，塔下有方座，脊有合角鸱尾，刹上具相轮五重，及珠宝。

② 见中部第八第九洞，每层均一间。

③ 见西部第六洞，第一层二间，第二、三层各一间，每层脊有合角鸱尾。

④ 见西部第二洞，第一、二层各一间，第三层二间。

五层塔——平面方形。

① 见东部第二洞，此塔有侧脚。

② 见中部第二洞有台基，各层面阔，高度，均向上递减。

③ 见中部第七洞。

七层塔——平面方形。

见中部第七洞塔下有台座，无枭混及莲瓣。每层之角悬幡，刹上具相轮五层，及宝珠。

以上甲乙两种的塔，虽表现方法稍不同，但所表示的建筑式样，除圆顶塔一种外，全是中国“楼阁式塔”建筑的实例。现在可以综合它们的特征，列成以下各条。

（一）平面全限于方形一种，多边形尚不见。

（二）塔的层数，只有东部第一洞有个偶数的，余全是奇数，与后代同。

（三）各层面阔和高度向上递减，亦与后代一致。

（四）塔下台基没有曲线枭混和莲瓣，颇像敦煌石窟的佛座，疑当时还没有像宋代须弥座的繁缛雕饰。但是后代的枭混曲线，似乎由这种直线枭混演变出来的。

（五）塔的屋檐皆直檐（但浮雕中殿宇的前檐，有数处已明显的上翘），无裹角法，故亦无仔角梁老角梁之结构。

（六）椽子仅一层，但已有斜列的翼角椽子。

（七）东部第二窟之五层塔浮雕，柱上端向内倾斜，大概是后世侧脚之开始。

（八）塔顶之形状：东部第二洞浮雕五层塔，下有方座。其露盘极像日本奈良法隆寺五重塔，其上忍冬草雕饰，如日本的受花，再上有覆钵，覆钵上刹柱饰，相轮五重顶，冠宝珠。可见法隆寺刹上诸物，俱传自我国，分别只在法隆寺塔刹的覆钵，在受花下，云冈的却居受花上。云冈刹上没有水烟，与日本的亦稍不同。相轮之外廓，上小下大（东部第二洞浮雕），中段稍向外膨出。东部第一洞与中部第二洞之浮雕塔，二塔三刹，关野谓为“三宝”之表征，其制为近世所没有。总之根本全个刹，即是一个窣堵坡（stupa）。

（九）中国楼阁向上递减，顶上加一个窣堵坡，便为中国式的木塔。所以塔虽是佛教象征意义最重的建筑物，传到中土，却中国化了，变成这中印合璧的规模，而在全个结构及外观上中国成分，实又占得多。如果《后汉书》陶谦传所记载的，不是虚伪，此种本塔，在东汉末期，恐怕已经布下种子了？

（二）殿宇

壁上浮雕殿宇共有两种，一种是刻成殿宇正面模型；用每两柱间的空隙，镌刻较深佛龛而居像，另一种则是浅刻释迦事迹图中所表现的建筑物。这两种殿宇的规模，虽甚简单，但建筑部分，固颇清晰可观，和浮雕诸塔同样，有许多可供参考的价值，如同檐柱、额枋、斗栱、房基、栏杆、阶基等等。不过前一种既为佛龛的外饰，有时竟不是十分忠实的建筑模型；檐下瓦上，多增加非结构的花鸟，后者因在事迹图中，故只是单间的极简单的建筑物，所以两种均不足代表当时的宫室全部的规矩。它们所供给的有价值的实证，故仍在几个建筑部分上（详下文）。

（三）洞口柱廊

洞口因石质风化太甚，残破不堪，石刻建筑结构，多已不能辨认。但中部诸洞有前后两室者，前室多作柱廊，形式类希腊神庙前之茵安提斯（Inantis）柱廊之布置。廊作长方形，面阔约倍于进深，前面门口加两根独立大支柱，分全面阔为三间。这种布置，亦见于山西天龙山石窟，惟在比例上，天龙山的廊较为低小，形状极近于木构的支柱及阑额。云冈柱廊（最完整的见于中部第八洞），柱身则高大无伦。廊内开敞，刻几层主要佛龛。惜外面其余建筑部分，均风化不稍留痕迹，无法考其原状。

五　石刻中所见建筑部分

（一）柱

柱的平面虽说有八角形，方形两种，但方形的，亦皆微去四角，而八角形的，亦非正八角形，只是所去四角稍多，“斜边”几乎等于“正边”而已。

柱础见于中部第八洞的，也作八角形，颇像宋式所谓櫍。柱身下大上小，但未有 entasis 及卷杀。柱面常有浅刻的花纹，或满琢小佛龛。柱上皆有坐斗，斗下有皿板，与法隆寺同。

柱部分显然得外国影响的，散见各处：如一，中部第八洞入口的两侧有二大柱，柱下承以台座，略如希腊古典的 pedestal 疑是受健陀罗的影响。二，中部第八洞柱廊内墙东南转角处，有一八角短柱立于勾栏上面；柱头略像方形小须弥座，柱中段绕以莲瓣雕饰，柱脚下又有忍冬草叶，由四角承托上来。这个柱的外形，极似印度式样，虽然柱头柱身及柱脚的雕饰，严格的全不本着印度花纹。三，各种希腊柱头，中部第八洞有“爱奥尼亚”式（Lonic order）柱头极似 Temple of Neandria 柱头。散见于东部第一洞，中部三、四等洞的，有哥林特式柱头，但全极简单，不能与希腊正规的 order 相比；且云冈的柱头乃忍冬草大叶，远不如希腊 acanthus 叶的复杂。四，东部第四洞有人形柱，但极粗糙，且大部已毁。五，中部第二洞龛栱下，有小短柱支托，则又完全作波斯形式，且中部第八洞壁画上，亦有兽形栱与波斯兽形柱头相同。六，中部某部浮雕柱头，见于印度古石刻。

（二）阑额

阑额载于坐斗内，没有平板枋，额亦仅有一层。坐斗与阑额中间有细长替木，见中部第五，第八洞内壁上浮雕的正面殿宇。阑额之上又有坐斗，但较阑额下，柱头坐斗小很多，而与其所承托的斗栱上三个升子斗，大小略同。斗栱承柱头枋，枋则又直接承于椽子底下。

（三）斗栱

柱头铺作一斗三升放在柱头上之阑额上，栱身颇高，无栱瓣，与天龙山的例不同。升有皿板。补间，铺作有人字形栱，有皿板，人字之斜边作直线，或尚存古法。

中部第八洞壁面佛龛上的殿宇正面，其柱头铺作的斗栱，外形略似一斗三升，而实际乃刻两兽背面屈膝状，如波斯柱头。

（四）屋顶

一切屋顶全表现四柱式，无歇山，硬山，挑山等。屋角或上翘，或不翘，无子角梁老角梁之表现。

椽子皆一层，间隔较瓦轮稍密，瓦皆筒瓦。屋脊的装饰，正脊两端用鸱尾，中央及角脊用凤凰形装饰，尚保留汉石刻中所示的式样。正脊偶以三角形之火焰与凤凰，间杂用之，其数不一，非如近代，仅于正脊中央放置宝瓶。如中部第五、第六、第八等洞。

（五）门与栱

门皆方首。中部第五洞门上有斗栱檐椽，似模仿木造门罩的结构。

栱门多见于壁龛。计可分两种：圆栱及五边栱。圆栱的内周（introdus）

多刻作龙形，两龙头在栱开始处。外周（extrodus）作宝珠形。栱面多雕趺坐的佛像。这种栱见于敦煌石窟，及印度古石刻，其印度的来源，甚为明显。所谓五边栱者，即方门抹去上两角；这种栱也许是中国固有。我国古代未有发券方法以前，有圭门圭窦之称；依字义解释，圭者尖首之谓，室如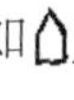形，进一步在上面加一边而成，也是演绎程序中可能的事。在敦煌无这种栱龛，但壁画中所画中国式城门，却是这种形式，至少可以证明云冈的五边栱，不是从西域传来的。后世宋代之城门，元之居庸关，都是用这种栱。云冈的五边栱，栱面都分为若干方格，格内多雕飞天；栱下或垂幔帐，或悬璎珞，做佛像的边框。间有少数佛龛，不用栱门，而用垂幛的。

（六）栏杆及踏步

踏步只见于中部第二洞佛迹图内殿宇之前。大都一组置于阶基正中，未见两组三组之列。阶基上的栏杆，刻作直棂，到踏步处并沿踏步两侧斜下。踏步栏杆下端，没有抱鼓石，与南京栖霞山舍利塔雕刻符合。

中部第五洞有万字栏杆，与日本法隆寺勾栏一致。这种栏杆是六朝唐宋间最普通的做法，图画见于敦煌壁画中；在蓟县独乐寺，应县佛宫寺塔上则都有实物留存至今。

（七）藻井

石窟顶部，多刻作藻井，这无疑的也是按照当时木构在石上模仿的。藻井多用“支条”分格，但也有不分格的。藻井装饰的母题，以飞仙及莲花为主，或单用一种，或两者掺杂并用。龙也有用在藻井上的，但不多见。

藻井之分划，依室的形状，颇不一律，较之后世齐整的方格，趣味丰富得多。斗八之制，亦见于此。

窟顶都是平的，敦煌与天龙山之形天顶，不见于云冈，是值得注意的。

六　石刻的飞仙

洞内外壁面与藻井及佛后背光上，多刻有飞仙，作盘翔飞舞的姿势，窈窕活泼，手中或承日月宝珠，或持乐器，有如基督教艺术中的安琪儿。飞仙的式样虽然甚多，大约可分两种，一种是着印度湿褶的衣裳而露脚的；一种是着短裳曳长裙而不露脚，裙末在脚下缠绕后，复张开飘扬的。两者相较，前者多肥笨而不自然，后者轻灵飘逸，极能表出乘风羽化的韵致，尤其是那开展的裙裾及肩臂上所披的飘带，生动有力，迎风飞舞，给人以回翔浮荡的印象。

从要考研飞仙的来源方面来观察它们，则我们不能不先以汉代石刻中与飞仙相似的神话人物，和印度佛教艺术中的飞仙，两相较比着看。结果极明显的，看出云冈的露脚，肥笨作跳跃状的飞仙，是本着印度的飞仙摹仿出来的无疑，完全与印度飞仙同一趣味。而那后者，长裙飘逸的，有一些并着两腿，望一边曳着腰身，裙末翘起，颇似人鱼，与汉刻中鱼尾托云的神话人物，则又显然同一根源。后者这种屈一膝作猛进姿势的，加以更飘散的裙裾，多脱去人鱼形状，更进一步，成为最生动灵敏的飞仙，我们疑心它们在云冈飞仙雕刻程序中，必为最后最成熟的作品。

天龙山石窟飞仙中之佳丽者，则是本着云冈这种长裙飞舞的，但更增富其衣褶，如腰部的散褶及裤带。肩上飘带，在天龙山的，亦更加曲折回绕，而飞翔姿势，亦愈柔和浪浸。每个飞仙加上衣带彩云，在布置上，常有成一圆形图案者。

曳长裙而不露脚的飞仙，在印度西域佛教艺术中俱无其例，殆亦可注意之点。且此种飞仙的服装，与唐代陶俑美人甚似，疑是直接写真当代女人服装。

飞仙两臂的伸屈，颇多姿态；手中所持乐器亦颇多种类，计所见有如下条件：

鼓，状，以带系于项上，腰鼓、笛、笙、琵琶筝（类外国 harp）但无钹。其他则常有持日、月、宝珠及散花者。

总之飞仙的容貌仪态亦如佛像，有带浓重的异国色彩者，有后期表现中国神情美感者。前者身躯肥胖，权衡短促，服装简单，上身几全袒露，下裳则作印度式短裙，缠结于两腿间，粗陋丑俗。后者体态修长，风致娴雅，短衣长裙，衣褶简而有韵，肩带长而回绕，飘忽自如，的确能达到超尘的理想。

七　云冈石刻中装饰花纹及色彩

云冈石刻中的装饰花纹种类奇多，而十之八九，为外国传入的母题及表现。其中所示种种饰纹，全为希腊的来源，经波斯及健陀罗而输入者，尤其是回折的卷草，根本为西方花样之主干，而不见于中国周汉各饰纹中。但自此以后，竟成为中国花样之最普通者，虽经若干变化，其主要左右分枝回旋的原则，仍始终固定不改。

希腊所谓 acanthus 叶，本来颇复杂，云冈所见则比较简单：日人称为忍冬草，以后中国所有卷草，西番草，西番莲者，则全本源于回折的 acanthus 花纹。

“连环纹”，其原则是每一环自成一组，与它组交结处，中间空隙，再填入小花样；初望之颇似汉时中国固有的绳纹，但绳纹的原则，与此大不相同，因绳纹多为两根盘结不断；以绳纹复杂交结的本身，作图案母题，不多借力于其它花样。而此种以三叶花为主的连环纹，则多见于波斯希腊雕饰。

佛教艺术中所最常见的莲瓣，最初无疑根源于希腊本草叶，而又演变而成为莲瓣者。但云冈石刻中所呈示的水草叶，则仍为希腊的本来面目，当是由健陀罗直接输入的装饰。同时佛座上所见的莲瓣，则当是从中印度随佛教所来，重要的宗教饰纹，其来历却又起源于希腊水草叶者。中国佛教艺术积渐发达，莲瓣因为带着象征意义，亦更兴盛，种种变化及应用，叠出不穷，而水草叶则几绝无仅有，不再出现了。

其它饰纹如璎珞（heads），花绳（garlands），及束苇（reeds）等，均为由健陀罗传入的希腊装饰无疑。但尖齿形之幕沿装饰，则绝非希腊式样，而与波斯锯齿饰或有关系。真正万字纹未见于云冈石刻中，偶有万字勾栏，其回纹与希腊万字，却绝不相同。水波纹亦偶见，当为中国固有影响。

以兽形为母题之雕饰，共有龙、凤、金翅鸟（Garuda）、螭首、正面饕餮、狮子，这些除金翅鸟为中印度传入，狮子带着波斯色彩外，其余皆可说是中国本有的式样，而在刻法上略受西域影响的。

汉石刻砖纹及铜器上所表观的中国固有雕纹，种类不多，最主要的如雷纹，斜线纹，斜方格，斜方万字纹，直线或曲线的水波纹、绳纹、锯齿、乳箭头叶、半圆弧纹等，此外则多倚赖以鸟兽人物为母题的装饰，如青龙，白虎，饕餮，凤凰，朱雀及枝柯交纽的树，成列的人物车马，及打猎时奔窜的犬鹿兔豕等等。

对汉代或更早的遗物有相当认识者，见到云冈石刻的雕饰，实不能不惊诧北魏时期由外传入崭新花样的数量及势力！盖在花纹方面，西域所传入的式样，实可谓喧宾夺主，从此成为十数世纪以来，中国雕饰的主要渊源。继后唐宋及后代一切装饰花纹，均无疑义的，无例外的，由此展进演化而成。

色彩方面最难讨论，因石窟中所施彩画，全是经过后世的重修，伧俗得很。外壁悬崖小洞，因其残缺，大概停止修葺较早，所以现时所留色彩痕迹，当是较古的遗制，但恐怕绝不会是北魏原来面目。佛像多用朱，背光绿地；凸起花纹用红或青或绿。像身有无数小穴，或为后代施色时用以钉布布箔以涂丹青的。

八　窟前的附属建筑

论到石窟寺附属殿宇部分，我们得先承认，无论今日的石窟寺木构部分所给与我们的印象为若何；其布置及结构的规模为若何，欲因此而推断一千四百余年前初建时的规制，及历后逐渐增辟建造的程序，是个不可能的事。不过距开窟仅四五十年的文献，如《水经注》里边的记载，应当算是我们考据的最可靠材料，不得不先依其文句，细释而检讨点事实，来作参考。

《水经注》㶟水条里，虽无什么详细的描写，但原文简约清晰，亦非夸大之词。“凿石开山，因岩结构。真容巨壮，世法所希。山堂水殿，烟寺相望。林渊锦镜，缀目新眺。”关于云冈巨构，仅这四句简单的描述而已。这四句是个真实情形的简说。至今除却河流干涸，沙床已见外，这描写仍与事实相符，可见其中第三句“山堂水殿，烟寺相望”当也是即景说事。不过这句意义，亦可作两种解说。一个是：山和堂，水和殿，烟和寺，各各对望着，照此解释，则无疑的有“堂”“殿”和“寺”的建筑存在，且所给的印象，是这些建筑物与自然相照对峙，必有相当壮丽，在云冈全景中，占据重要的位置的。

第二种解说，则是疑心上段“山堂水殿”句，为含着诗意的比喻，称颂自然形势的描写。简单说便是：据山为堂（已是事实），因水为殿的比喻式，描写“山而堂，水而殿”的意思，因为就形势看山崖临水，前面地方颇近迫，如果重视自然方面，则此说倒也逼切写真，但如此则建筑部分已是全景毫末，仅剩烟寺相望的“寺”，而这寺到底有多少是木造工程，则又不可得而知了。

《水经注》里这几段文字所以给我们附属木构殿宇的印象，明显的当然是在第三句上，但严格说，第一句里的“因岩结构”，却亦负有用当责任的。观现今清制的木构，殿阁，尤其是由侧面看去，实令人感到“因岩结构”描写得恰当真切之至。这“结构”两字，实有不止限于山岩方面，而有注重于木造的意义蕴在里面。

现在在云冈的石佛寺木建殿宇，只限于中部第一，第二，第三大洞前面，山门及关帝庙右第二洞中线上。第一洞，第三洞，遂成全寺东西偏院的两阁，而各有其两厢配殿。因岩之天然形势，东西两阁的结构，高度，布置均不同。第二洞洞前正殿高阁共四层，内中留井，周围如廊，沿梯上达于项层，可平视佛颜。第一洞同之。第三洞则仅三层（洞中佛像亦较小许多），每层有楼廊通第二洞。但因二洞、三洞南北位置之不相同，使楼廊微作曲折，颇增加趣味。此外则第一洞西，有洞门通崖后，洞上有小廊阁。第二洞后崖上，有斗尖亭阁，在全寺的最高处。这些木建殿阁厢庑，依附岩前，左右关连，前后引申，成为一组；绿瓦巍峨，点缀于断崖林木间，遥望颇壮丽，但此寺已是云冈石崖一带现在惟一的木构部分，且完全为清代结构，不见前朝痕迹。近来即此清制楼阁，亦已开始残破，盖断崖前风雨侵凌，固剧于平原各地，木建损毁当亦较速。

关于清以前各时期中云冈木建部分到底若何，在雍正《朔平府志》中记载左云县云冈堡石佛寺古迹一段中，有若干可注意的之点。

《府志》里讲："规划甚宏，寺原十所：一曰同升，二曰灵光，三曰镇国，四曰护国，五曰崇福，六曰童子，七曰能仁，八曰华严，九曰天宫，十曰兜率。其中有元载所造石佛二十龛；石窑千孔，佛像万尊。由隋唐历宋元，楼阁层凌，树木蓊郁，俨然为一方胜概。"这里的"寺原十所"的寺，因为明言数目，当然不是指洞而讲。"石佛二十龛"亦与现存诸洞数目相符。惟"元载所造"的"元"，令人颇不解。雍正《通志》同样句，却又稍稍不同，而曰"内有元时石佛二十龛"。这两处恐皆为"元魏时"所误。这十寺既不是以洞为单位计算的，则疑是以其他木构殿宇为单位而命名者。且"楼阁层凌，树木蓊郁"，当时木构不止现今所余三座，亦恰如当日树木蓊郁，与今之秃树枯干，荒凉景象，相形之下，不能同日而语了。

所谓"由隋唐历宋元"之说，当然只是极普通的述其历代相沿下来的意思。以地理论，大同朔平不属于宋，而是辽金地盘；但在时间上固无分别。且在雍正修《府志》时，辽金建筑本可仍然存在的。大同一城之内，辽金木建，至今尚存七八座之多。佛教盛时，如云冈这样重要的宗教中心，亦必有多少建设。所以府志中所写的"楼阁层凌"，或许还是辽金前后的遗建，至少我们由这府志里，只知道"其山最高处曰云冈，冈上建飞阁三重，阁前有世祖章皇帝（顺治）御书'西来第一山'五字及'康熙三十五年西征回銮幸寺赐'匾额，而未知其他建造工程。"而现今所存之殿阁，则又为乾嘉以后的建筑。

在实物方面，可作参考的材料的，有如下各点：

一，龙门石窟崖前，并无木建庙宇。

二，天龙山有一部分有清代木建，另有一部则有石刻门洞；楣、额、支柱，极为整齐。

三，敦煌石窟前面多有木廊，见于伯希和《敦煌图录》中。前年关于第一百三十洞前廊的年代问题有伯希和先生与思成通信讨论，登载本刊三卷四期，证明其建造年代为宋太平兴国五年的实物。第一百二十窟 A 的年代是宋开宝九年，较第一百三十洞又早四年。

四，云冈西部诸大洞，石质部分已天然剥削过半，地下沙石填高至佛膝或佛腰，洞前布置，石刻或木建，盖早已湮没不可考。

五，云冈中部第五至第九洞，尚留石刻门洞及支柱的遗痕，约略可辨当时整齐的布置。这几洞岂是与天龙山石刻门洞同一方法，不借力于木造的规制的。

六，云冈东部第三洞及中部第四洞崖面石上，均见排列的若干栓眼，即凿刻的小方孔，殆为安置木建上的椽子的位置。察其均整排列及每层距离，当推断其为与木构有关系的证据之一。

七，因云冈悬崖的形势，崖上高原与崖下河流的关系，原上的雨水沿崖而下，佛龛壁面不免频频被水冲毁。崖石崩坏堆积崖下，日久填高，底下原积的残碑断片，反倒受上面沙积的保护，或许有若干仍完整的安眠在地下，甘心作埋没英雄，这理至显，不料我们竟意外地得到一点对于这信心的实证。在我们游览云冈时，正遇中部石佛寺旁边，兴建云冈别墅之盛举，大动土木之后，建筑地上，放着初出土的一对石质柱础，式样奇古，刻法质朴，绝非近代物。不过孤证难成立，云冈岩前建筑问题，惟有等候于将来有程序的科学发掘了。

九 结 论

总观以上各项的观察所及，云冈石刻上所表现的建筑、佛像、飞仙及装饰花纹，给我们以下的结论。

云冈石窟所表现的建筑式样，大部为中国固有的方式，并未受外来多少影响，不但如此，且使外来物同化于中国，塔即其例。印度窣堵坡方式，本大异于中国本来所有的建筑，及来到中国，当时仅在楼阁顶上，占一象征及装饰的部分，成为塔刹。至于希腊古典柱头如 gonid order 等虽然偶见，其实只成装饰上偶然变化的点缀，并无影响可说。惟有印度的圆栱（外周作宝珠形的），还比较的重要，但亦止是建筑部分的形式而已。如中部第八洞门廊大柱底下的高 pedestal，本亦是西欧古典建筑的特征之一，既已传入中土，本可发达传布，影响及于中国柱础。孰知事实并不如是，隋唐以及后代柱础，均保守石质覆盆等扁圆形式，虽然偶有稍高的筒形，亦未见多用于后世。后来中国的种种基座，则恐全是由台基及须弥座演化出来的，与此种 pedestal 并无多少关系。

在结构原则上，云冈石刻中的中国建筑，确是明显表示其应用构架原则的。构架上主要部分，如支柱、阑额、斗栱、椽瓦、檐脊等，一一均应用如后代；其形式且均为后代同样部分的初型无疑。所以可以证明，在结构根本原则及形式上，中国建筑二千年来保持其独立性，不曾被外来影响所动摇。所谓受印度希腊影响者，实仅限于装饰雕刻两方面的。

佛像雕刻，本不是本篇注意所在，故亦不曾详细作比较研究而讨论之。但可就其最浅见的趣味派别及刀法，略为提到。佛像的容貌衣褶，在云冈一区中，有三种最明显的派别。

第一种是带着浓重的中印度色彩的，比较呆板僵定，刻法呈示在模仿方面的努力。佳者虽勇毅有劲，但缺乏任何韵趣，弱者则颇多伧丑。引人兴趣者，单是其古远的年代，而不是美术的本身。

第二种佛容修长，衣褶质实而流畅。弱者质朴庄严；佳者含笑超尘，美有余韵，气魄纯厚，精神栩栩，感人以超人的定，超神的动；艺术之最高成绩，荟萃于一痕一纹之间，任何刀削雕琢，平畅流丽，全不带烟火气。这种创造，纯为汉族本其固有美感趣味，在宗教艺术方面的发展。其精神与汉刻密切关联，与中印度佛像，反疏隔不同旨趣。

飞仙雕刻亦如佛像，有上面所述两大派别；一为模仿，以印度像为模型；一为创造，综合模仿所得经验，与汉族固有趣味及审美倾向，作新的尝试。

这两种时期距离并不甚远，可见汉族艺术家并未奴隶于模仿，而印度健陀罗刻像雕纹的影响，只作了汉族艺术家发挥天才的引火线。

云冈佛像还有一种，只是东部第三洞三巨像一例。这种佛像雕刻艺术，在精神方面乃大大退步，在技艺方面则加增谙熟繁巧，讲求柔和的曲线、圆滑的表面。这倾向是时代的，还是主刻者个人的，却难断定了。

装饰花纹在云冈所见，中外杂陈，但是外来者，数量超过原有者甚多。观察后代中国所熟见的装饰花纹，则此种外来的影响势力范围极广。殷周秦汉金石上的花纹，始终不能与之抗衡。

云冈石窟乃西域印度佛教艺术大规模侵入中国的实证。但观其结果，在建筑上并未动摇中国基本结构。在雕刻上只强烈的触动了中国雕刻艺术的新创造——其精神、气魄、格调，根本保持着中国固有的。而最后却在装饰花纹上，输给中国以大量的新题材，新变化，新刻法，散布流传直至今日，的确是个值得注意的现象。

十二 《中国建筑彩画图案》序

在高大的建筑物上施以鲜明的色彩，取得豪华富丽的效果，是中国古代建筑的重要特征之一，也是建筑艺术加工方面特别卓越的成就之一。彩画图案在开始时是比较单纯的。最初是为了实用，为了适应木结构上防腐防蠹的实际需要，普遍地用矿物原料的丹或朱，以及黑漆桐油等涂料敷饰在木结构上；后来逐渐和美术上的要求统一起来，变得复杂丰富，成为中国建筑装饰艺术中特有的一种方法。例如在建筑物外部涂饰了丹、朱、赭、黑等色的楹柱的上部，横的结构如阑额枋檩上，以及斗栱椽头等主要位置在瓦檐下的部分，画上彩色的装饰图案，巧妙地使建筑物增加了色彩丰富的感觉，和黄、丹或白垩刷粉的墙面，白色的石基、台阶以及栏楯等物起着互相衬托的作用；又如彩画多以靛青翠绿的图案为主，用贴金的线纹，彩色互间的花朵点缀其间，使建筑物受光面最大的豪华的丹朱或严肃的深赭等，得到掩映在不直接受光的檐下的青、绿、金的调节和装饰；再如在大建筑物的整体以内，和它的附属建筑物之间，也利用色彩构成红绿相间或是金朱交错的效果（如朱栏碧柱、碧瓦丹楹或朱门金钉之类），使整个建筑纽群看起来辉煌闪烁，借此形成更优美的风格，唤起活泼明朗的韵律感。特别是这种多色的建筑体形和优美的自然景物相结合的时候，就更加显示了建筑物美丽如画的优点，而这种

注：本文原载北京文物整理委员会编写的《中国建筑彩画图案》，人民美术出版社 1955 年出版。这篇序文在原书中题作序，署名：林徽因。本文 1953 年写成，全书出版时，林徽因已逝世。

优点，是和彩画装饰的作用分不开的。

在中国体系的建筑艺术中，对于建筑物细致地使用多样彩色加工的装饰技术，主要有两种：一种是“琉璃瓦作”发明之后，应用各种琉璃构件和花饰的形制；另一种就是有更悠久历史的彩画制度。

中国建筑上应用彩画开始于什么年代呢？

在木结构外部刷上丹红的颜色，早在春秋时代就开始了；鲁庄公“丹桓宫之楹，而刻其桷”，是见于古书上关于鲁国的记载的。还有臧文仲“山节藻棁”之说，素来解释为讲究华美建筑在房屋构件上加上装饰彩画的意思。从楚墓出土文物上的精致纹饰看来，春秋时代建筑木构上已经有一些装饰图案，这是很可能的。至于秦汉在建筑内外都应用华丽的装饰点缀，在文献中就有很多的记述了。《西京杂记》中提到“华榱壁珰”之类，还说：“椽榱皆绘龙蛇萦绕其间”和“柱壁皆画云气花葩，山灵鬼怪”。从汉墓汉砖上所见到一些纹饰来推测，上述的龙纹和云纹都是可以得到证实的。此外记载上所提到的另一个方面应该特别注意的，就是绫锦织纹图案应用到建筑装饰上的历史。例如素始皇成阳宫“木衣绨绣，土被朱紫”之说，又如汉代宫殿中有“以椒涂壁，被以文绣”的例子。《汉书·贾谊传》里又说：“美者黼绣是古天子之服，今富人大贾嘉会召客者以被墙。”在柱上壁上悬挂丝织品，和在墙壁梁柱上涂饰彩色图画，以满足建筑内部华美的要求，本来是很自然的。这两种方法在发展中合而为一时，彩画自然就会采用绫锦的花纹，作为图案的一部分。在汉砖上、敦煌石窟中唐代边饰上和宋《营造法式》书中，菱形锦纹图案都极常见，到了明清的梁枋彩画上，绫锦织纹更成为极重要的题材了。

南北朝佛教流行中国之时，各处开凿石窟寺，普遍受到西域佛教艺术的影响，当时的艺人匠师，不但大量地吸收外来艺术为宗教内容服务，同时还大胆地将中国原有艺术和外来的艺术相融合，加以应用。在雕刻绘塑的纹饰方面，这时产生了许多新的图案，如卷草花纹、莲瓣、宝珠和曲水万字等等，就都是其中最重要的。

综合秦、汉、南北朝、隋、唐的传统，直到后代，在彩画制度方面，云气、龙凤、绫锦织纹，卷草花卉和万字、宝珠等，就始终都是“彩画作”中最主要和最典型的图案。至于设色方法，南北朝以后也结合了外来艺术的优点。《建康实录》中曾说，南朝梁时一乘寺的门上有据说是名画家张僧繇手笔的“凹凸花”，并说：“其花乃天竺遗法，朱及青绿所成，远望眼晕如凹凸，近视即平，世咸异之。”宋代所规定的彩画方法，每色分深浅，并且浅的一面加白粉，深的再压墨，所谓“退晕”的处理，可能就是这种画法的发展。

我们今天所能见到的实物，最早的有乐浪郡墓中彩饰；其次就是甘肃敦煌莫高窟和甘肃天水麦积山石窟中北魏、隋、唐的洞顶洞壁上的花纹边饰；再次就是四川成都两座五代陵墓中的建筑彩画。现存完整的建筑正面全部和内部梁枋的彩画实例，有敦煌莫高窟宋太平兴国五年（公元九八〇年）的窟廊。辽金元的彩画见于辽宁义县奉国寺，山西应县佛宫寺木塔，河北安平圣姑庙等处。

宋代《营造法式》中所总结的彩画方法，主要有六种：一、五彩遍装；二、碾玉装；三、青绿叠晕棱间装；四、解绿装；五、丹粉刷饰；六、杂间装。工作过程又分为四个程序：一、衬地；二、衬色；三、细色；四、贴金。此外还有“叠晕”和“剔填”的着色方法。应用于彩画中的纹饰有“华纹”“琐纹”“云纹”“飞仙”“飞禽”及“走兽”等几种。“华纹”又分为“九品”，包括“卷草”花纹在内，“琐纹”即“锦纹”，分有六品。

明代的彩画实物，有北京东城智化寺如来殿的彩画，据建筑家过去的调查报告，说是：“彩画之底甚薄，各材刨削平整，故无披麻捉灰的必要，梁枋以青绿为地，颇雅素，青色之次为绿色，两色反复间杂，一如宋、清常则；其间点缀朱金，鲜艳醒目，集中在一二处，占面积极小，不以金色作机械普遍之描画，且无一处利用白色为界线，乃其优美之主因。”调查中又谈到智化寺梁材彩画的特点，如枋心长为梁枋全长的四分之一，而不是清代的三分之一；旋花作狭长形而非整圆，虽然也是用一整二破的格式。又说枋心的两端尖头不用直线，“尚存古代荇藻波纹之习”。

明代彩画，其它如北京安定门内文丞相祠檐枋，故宫迎瑞门及永康左门琉璃门上的额枋等，过去都曾经有专家测绘过。虽然这些彩画构图规律和智化寺同属一类，但各梁上旋花本身和花心、花瓣的处理，都不相同，且旋花大小和线纹布局的疏密，每处也各不相同。花纹区划有细而紧的和叶瓣大而爽朗的两种，产生极不同的效果。全部构图创造性很强，极尽自由变化的能事。

清代的彩画，继承了过去的传统，在取材上和制作方法上有了新的变化，使传统的建筑彩画得到一定的提高和发展。从北京各处宫殿、庙宇、庭园遗留下来制作严谨的许多材料来看，它的特点是复杂绚烂，金碧辉煌，形成一种眩目的光彩，使建筑装饰艺术达到一个新的高峰。某些主要类型的彩画，如“和玺彩画”和“旋子彩画”等，都是规格化的彩画装饰构图，这样，在装饰任何梁枋时就便于保持一定的技术水平，也便于施工；并使徒工易于掌握技术。但是，由于这种规格化十分严格地制定了构图上的分划和组合，便不免限制了彩画艺人的创造能力。虽然细节花纹可以作若干变化，但这种过分标准化的构图规定是有它的缺点的。在研究清式的建筑彩画方面，对于“和玺彩画”“旋子彩画”以及庭园建筑上的“苏式彩画”，过去已经作了不少努力，进行过整理和研究，本书的材料，便是继续这种研究工作所作的较为系统的整理；但是，应该提出的是：清代的彩画图案是建筑装饰中很丰富的一项遗产，并不限于上面三类彩画的规制。现存清初实物中，还有不少材料有待于今后进一步的发掘和整理，特别是北京故宫保和殿的大梁，乾隆花园佛日楼的外檐，午门楼上的梁架等清代早期的彩画，都不属于上述的三大类，便值得注意。因此，这种整理工作仅是一个开始，一方面，为今后的整理工作提供了材料；一方面，许多工作还等待继续进行。

本书是由北京文物整理委员会聘请北京彩画界老艺人刘醒民同志等负责绘制的，他们以长期的实践经验，按照清代乾隆时期以后流行的三大类彩画规制所允许的自由变化，把熟练的花纹作不同的错综，组合成许多种的新样式。细部花纹包括了清代建筑彩画图案的各种典型主题，如夔龙、夔风、卷草、西番莲、升龙、坐龙，及各种云纹、草纹，保存了丰富的清代彩画图案中可宝贵的材料。有些花纹组织得十分繁密匀称，尤其难得。但在色彩上，因为受到近代常用颜料的限制，色度强烈，有一些和所预期的效果不相符，如刺激性过大或白粉量太多之处。也有些在同一处额枋上纹饰过于繁复，在总体上表现一致性不强的缺点。

总之，这一部彩画图案，给建筑界提出了学习资料，但在实际应用时，必须分析它的构图、布局、用色、设计和纹饰线路的特点，结合具体的用途，变化应用；并且需要在原有的基础上，从现实生活的需要出发，逐渐创作出新的彩画图案。因此，务必避免抄袭或是把它生硬地搬用到新的建筑物上，不然便会局限了艺术的思想性和创造性。本集彩画中每种图案，可说都是来自历史上很早的时期，如云气、龙纹、卷草、番莲等，在长久的创作实践中都曾经过不断的变化、不断的发展；美术界和建筑界应当深刻地体会彩画艺术的传统，根据这种优良的传统，进一步地灵活应用，变化提高，这就是我们的创作任务。这本集子正是在这方面给我们提供了珍贵的与必要的参考。

十三　敦煌边饰初步研究

中国佛教初期的艺术是划时代的产品，分了在此以前的，和在此以后的中国艺术作风，它显然是吸收了许多外来的所谓西域的种种艺术上新鲜因素，却又更显然地是承前启后一脉贯通，表现着中国素来所独有的，出类拔萃的艺术特质。所以研究中国艺术史里一个重要关键就在了解外来的佛教传入后的作品。（中国的无名英雄的匠师们为了这宗教的活动，所努力的各种艺术创造，在题材，技术，和风格的几个方面掌握着什么基本的民族的传统；融合了什么样崭新的因素；引起了什么样的变革和发展了什么样艺术程度的新创造。）

佛教既是经由西域许多繁杂民族的传播而输入的原发源于印度的宗教思想，它所带来的宗教艺术的题材大部都不是中国原有所曾有的。但是表现这宗教的艺术形式，风格，工具与手法，使在传达内容的任务中可达到激动情感的效果的，在来到中国以后必不可能同在印度或在西域时完全相同。佛教初入之时中国的佛教信徒在艺术表现上都倚赖什么呢？是完全靠异国许多不同民族的僧侣艺匠，依了他们的民族生活状况，工具条件和情调所创出的佛教的雕塑，绘画，建筑，文字经典和附属于这一切艺术的装饰图案，输入到中国来替中国人民表现传播宗教热诚和思想吗？一定不是的。那么是由中国人民匠工们接受各种民族传播进来的异国艺术的一切表现和作风，无条件的或盲目呆板的来模仿吗？还是由教义内容到表现方法，到艺术型类与作风，都是通过了自己民族的情感和理解，物质条件，习惯要求和传统的技术基础来吸收溶化许多种类的外来养料，逐步的创造出自己宗教热诚所要求的艺术呢？这问题的答案便是中国艺术史中重要的一页。

国内在敦煌之外在雕刻方面和在建筑方面，我们已能证实，为了佛教，中国创造出自己的佛教艺术。以雕刻为例，佛教初期的创造，见于各个著名的摩崖石窟和造像上，如云冈，龙门，天龙山，南北响堂山，济南千佛山，神通寺以及许多南北朝造像，都充分证明了，为了佛教热诚，我们在石刻方面的手艺匠工确实都经过最奇刻的考验，通过自己所能掌握的技巧手法，和作风来处理各种崭新的宗教题材，而创造出无比可爱、天真、纯朴、洒脱雄劲的摩崖大像，佛龛，窟寺，浮雕，各种大小的造像雕刻和许多杰出的边饰图案，无论是在主体风格，细部花纹，阳刻雕形和阴纹线条方面手法的掌握，变化与创造，都确确实实的保存了在汉石刻上已充分发达的旧有优良传统，配合了佛教题材的新情况，吸收到由西域进来的许多新鲜影响，而丰富了自己。南北朝与隋唐之初的作品每一件都有力地证明我们在适应新的要求和吸取新的养料的过程中最主要的是没有失掉主动立场而能迅速发展起来，且发展得非常璨烂，智慧地运用旧基础，从没有作不加变革的模仿；一方面创造性极强，另一方面丰富而更巩固了中国原有优良的传统。

但在有色彩的绘画艺术方面，一向总为了缺乏实物资料，不能确凿的研讨许多技术上问题。无论是关于处理写实人物或幻想神像，组织画面，背景或图案花纹，或是着色渲染，勾描轮廓的技术，我们都没有足够研究的资料可以分合较比进行详尽的讨论过。我们知道只有从敦煌丰富的画壁中才能有这条件。它们是那样的丰富，有那样多不同年代的作品，敦煌在地理上又是那样的接近输入佛教的西域，同许多不同民族有过长期密切的交流，所以只有分析理解敦煌画壁的手法作风，在画题，布局，配色和笔触诸方面的表现，观察它们不自觉的和自觉的变化和异同，才真能帮助我们认识中国绘画源流中一个大时代。确实明白当时中国画匠怎样运用民族传统的画像绘色描线等的技术，来处理新输入的佛教母题，尤其重要的是因为佛教艺术为中国艺术老树上所发出的新枝。因为相信宗教可以解救苦难，所以佛教艺术曾是无数被压迫的劳苦人民和辛勤的匠人们所热烈参加的群众活动，因此它曾发展得特别蓬勃而普遍，不是宫廷艺术而是深深在人民中间的，逐渐形成一支艺术的主干。了解当它在萌芽时期和发展成长阶段对于今天的我们更是重要知识。

中国画匠怎样融会贯通各种民族杰出的各自不同的题材手法加以种种变革来发展自己，而不是亦步亦趋，一味的模仿或被任何异国情调所兼并吞没，如过去四五十年里中国工艺美术所遭受的破坏与迫害，正是我们今天应该学习而作为我们的借鉴的。

在敦煌这批极丰富且罕贵的艺术资料里，以绘画技术为对象来研究时就牵涉很多方面。首先就有题材的处理，画面的整个布局，和每个画面在色彩上的主要格调。其次如关于佛像菩萨，和飞仙的体裁服饰和画法作风。再次还有各种画中的景物衬托，如云、山、水、石、树木、花草和各种动物，尤其是人的动作，马的驰骋等表现方法。再次还有画的背景里所附带的建筑，舟车，和器物。末后才是围绕着画幅或佛像背光，装饰在人物衣缘或沿着洞窟本身各部分的图案花纹的问题。但这新萌芽的图案花纹和老干的关系，同其它许多问题一样的有着重大价值。尤其是这新枝，由南北朝到隋唐，迅速的生长繁殖充满活力而流行全国，丰富了我国千余年来的工艺美术。并且它们还流传到朝鲜、日本、越南，变化发展得非常茂盛，一直影响到欧洲十八世纪早期和近代的工艺。

现在为了要认识在图案花纹方面本土的传统的根底和新进来的养料如何结合，当时匠师们如何以自己娴熟的优良的手法来处理新的方面而又将许多异国的新因素部分的吸收进来，我们就必须先能分别辨认各种单独特征的来龙去脉，发现各种系统与典型规律。有了把握分别辨认，我们才有把握发现各种不同因素综合交流的证例，找出新旧的关系。分别辨认是研究各种民族艺术作风与型式的必要步骤，别的任何架空的理论都不能解决这认识的问题。

因此我们要了解敦煌画壁中的图案花纹，我们除了需要殷周战国秦汉三国两晋一切金石漆陶器物上纹样和在中国其它地区中的南北朝隋唐遗物来同敦煌的作较比。而同时还必需探讨佛教艺术在印度时本身的特征和构成因素。如最初大月氏种族占领的贵霜朝所兴起的佛教艺术的特点，健陀罗地方艺术作风中的希腊因素与波斯影响，中印度和南方原有的表现，鞠多王朝全盛的早期和颓废繁琐的后期与末期等。更重要的是佛教传人中国沿途所经过的各地方混居复杂民族的艺术作风以及他们同西方的波斯，远方的希腊，南方的印度和我们之间的种族文化上的关系。在库车（龟兹）为中心与以哈拉和卓（高昌）吐鲁蕃为中心的许多洞窟壁画的题材色彩手法和情调的根源，和在和阗附近，及尼雅楼阑等遗址中所发现的古代艺术残迹资料，便都要是我们重要的观察对象。先做了一番所谓分别辨认的准备工作，然后观察敦煌资料中最典型的类型，寻出何者为中国原有的生命与性质，何者为西域僧侣艺匠所输入的波斯，印度，希腊殖民地东罗马，何者又是经过自己匠师将外族输入的因素加以变革来适合自己民族的情调和风格，便比较地有把握了。

在集中讨论图案之前对于敦煌绘画的其它方面，我们可以说最先引人注意的，就是有许多显著地是当时中国民族传统风格很奇异而大胆的同佛教题材结合在一起。如画的布局，北魏洞窟中横幅正类似汉石祠石刻画壁，画的处理亦很接近晋代石棺还是以二十四孝为题材的那种刻石。盛唐洞壁上净土经变的布局组织都以一座殿堂（所谓宝楼）为主要背景，佛像菩萨则列坐其间或其前，前阶台上和两旁对称的廊庑之间则安置各种舞蹈作乐或听法的菩萨，这种部署还依稀是汉石祠正中主题的布局。印度佛教画如阿姜他洞窟壁画的布局就同以上所举，敦煌的两种都不同，佛的坐处如小型建筑物的很多，也有菩萨很大的头肩由云中飘忽出现俯瞰底下尘世王子后妃作乐，所谓王子观舞等场面。佛经故事在画幅中的组织，敦煌的也同印度西域等不同。库车附近，洞中有一例将画面用不同的两三色，主要青和绿，画成许多棱形叶子，分几个排列，每个叶子中画一故事。敦煌北魏窟中的经变将不同时间的题材组织在一个横幅之中，如舍身饲虎图等。唐窟则皆以主要净土经变放在壁面当中，两旁和下段分成若干方格或长方形画框，每框一事一题。四川大足县摩崖石刻布局也是如此。又如在敦煌所画的北魏隋唐飞仙，正同云冈龙门，天龙山石刻浮雕上所见到的一样，是中国自己独创的民族型式同西域的、印度的或葱岭西边通印度的巴米安谷中的佛龛上，波斯印度希腊混合型的，都不一样，在气质上尤其不同。敦煌北魏的佛像菩萨塑像残毁或重修之后不易见到在他处石刻上所有的流畅俊美的刀刻手法，但在绘画上的局部衣纹都保持有汉晋意味，衣褶裙裾末端或折角处锐利劲瘦的笔法仍是那种洒脱豪放随笔起落而产生的风格。尤其是飞仙的姿势生动，披肩和飘带迎风飞舞，最能令人见到下笔时腕力和笔触的练达遒劲，真是气韵生动，痛快淋漓，无比可爱，无比可贵的民族作风。敦煌画壁上许多衬托的景物，如树木云山，马的动作和建筑物的描写也都富于传统精神，或从汉画脱胎而出，或同我们所仅有一些晋画（包括石棺画石）都极为神似，同时又开了后代铁线细描系统的基本作风。凡以种种显而易见的都只能说是笔者的大略印象，没有专家的分析阐明之前当然不能据此作何结论，这里只是指出敦煌早期的画壁上有一望而见到的民族作风雄厚的根底和在此上面所发展创造出来的佛教画。

但当我们转到洞窟的装饰图案花纹这一方面时，可引起显著的注意的恰恰相反。初见之时只见到新的题材手法来得异常大量，也异常突兀，花纹绘饰的色彩既殊特，手法又混淆变化，简直有点无法理喻它们的源流系统。而同时凡是我们所熟识的认为是周秦汉晋的金石的刻纹，陶漆器物上的彩饰，秦砖汉瓦等的典型图案，在这里至少初步的印象下，都像是突然隐没毫无踪影。主要的如同秦铜器上的饕餮，夔龙，盘蛇走兽，雷纹波纹，战国的铜器上，楚漆上，汉镜上，各种约略如几何形的许多花纹，和兽类人物，云气浪花，斜线如意钩等，或是瓦当上，墓壁上，石阙上所见的四神：青龙，白虎，朱雀，神武等形式，在敦煌都显著地不见了！一切似乎都不再被采用，竟使我们疑问到这里的图案是否统统为异族所输入的，但当我们再冷静地一看，在绘饰方面除却塑型的莲座外，不但印度的图案没有，希腊波斯系的也不见有多少，所谓西域的如和在库车附近许多洞窟画壁所见和它们同样式的也是没有的。那么这许多璨烂动人的图案都从那里来的呢？它们是怎样产生的呢？

当我们仔细思考一下，第一个重要的原因，当然是图案同器物的体型和制造材料及功用是分不开的。第二个原因，则是它同所在地方的民族工艺的传统也是分不开的。从立体器物方面讲，敦煌洞窟原是一种建筑物。所以如果我们要了解它的装饰图案，我们必须了解建筑装饰的立场下手。从这个出发点来检查敦煌图案的系统，我们就会很快发现一条很好的线索指出我们可以理解它们的途径。在地方民族工艺传统方面讲，敦煌是中国的地方，洞窟也部分的是中国木构，大多数的画匠又是汉族的人民。他们有着的是根深蒂固的中国传统，而且是汉全盛时代的工艺方面的培养。

因为敦煌洞窟原是一种建筑物，在传入中国及西域之前这种窟寺在印度是石造的佛教建筑物，在建筑结构细部上面的装饰所以便是以石刻为主的花纹。最早创始于印度佛教艺术的健陀罗地区的居民中是有过。在公元前，就随亚力山大大帝经由波斯而进入印度的希腊的兵卒和殖民，稍南的西海岸上，则有从小亚细亚等地，在第一世纪以后经波斯湾沿海而来的各种商贾人民，所以艺术中带着很显著的直接或间接希腊的影响，尤其是在人像雕刻和建筑细部图案方面的发展最为显著。这种印度的佛教的“石窟寺”，在传到敦煌之前先传到塔里木盆地中无数伊兰语系的西域民族的居留地，如天山南麓龟兹马耆，吐鲁番一带造窟都极盛行。但它们同在敦煌一样因为石质松软洞壁不宜于石刻，所以一切装饰都是用彩色绘画的。因此也以彩画代替窟内应有的结构部分和上面的雕刻装饰的。所以西域就有多种彩绘的边饰图案都是模仿建筑物上的藻井柱额石楣，椽头，叠涩等雕刻部分与其上的浮雕花纹。在敦煌这种外来的以彩绘来摹拟建筑雕刻的图案也是很显著的，最典型的就有用“凹凸画法”的椽头，万字纹，和以成列的忍冬叶为母题的建筑边饰，用在洞顶下部墙壁上部的横楣梁额等位置上，龛沿券门上和槛墙上端的横带上。

但是敦煌的石窟寺仍然为中国本土的建筑物，它不可能完全脱离中国建筑的因素。在敦煌边饰中有许多正画在洞顶藻井方格的枝条上的，和人字坡下并列的椽子上的，和其它许多长条边饰显然不是由于摹拟雕刻的花纹而来，就因为中国建筑是木构的系统，屋顶以下许多构材上面自古就常有藻饰彩画的点缀。《三辅黄图》述汉未央宫前殿，就提到“华榱璧珰”，《西京杂记》则更清楚的说“椽榱皆绘龙蛇萦绕其间”又说“柱壁皆画云气，花卉，山灵，鬼怪”。所以这就使我们必需注意到敦煌边饰的两个方面，一是起源于石造建筑的雕刻部分的外来花纹，主要的如忍冬叶等；一是继续自己木构上彩画的传统，所谓“云气龙蛇萦绕的体系”。我们在山东武氏石祠壁上，祁祢明书像石上，孝堂山石祠壁上，磁县古坟的石门楣上都见到一种变化的云纹，这种云纹也常见于楚漆和汉代陶质加彩的器物上。在汉墓的砖柱上则确有“龙蛇萦绕”的图案。这两种图案在敦煌边饰中虽然少也都可找到原样。如朱雀形类的祥鸟也有一些例子。唐以后的卷草气势极近似云纹，卷草正如云的波动，卷头又留有云状的叶端的极多。和火焰纹混合似火而又似云的也有，都可以从中追寻那发展的来踪去迹。所谓“云气花卉山灵鬼怪”的作风则渗入壁画的上部，龛以上或洞顶斜面中，组成壁画的一部。

当雕刻型与彩绘型两种图案体系都是以粉彩颜料绘出成为边饰时，区别当然很少，但有一个本来基本上不同之处经过后来的渗合相混才不显著，我们必需加以注意。就是雕刻型的图案在画法上有模仿凹凸雕刻的倾向，要做成浮雕起伏的效果，组织上多呆板的排列，而绘画型的图案则是以线纹笔意为主的绘画系统，随笔作豪放的自由处置。

我们不知道《建康实录》中所说南朝梁时的一乘寺的寺门上所画“凹凸花称张僧繇手迹者”是什么，但如所说“其花乃天竺遗法，朱及青绿所成，远望眼晕如凹凸，近视即平，世咸异之”，则当时确有这种故意仿浮雕的画法且是由印度传入的。在敦煌边饰中我们所见到的画法在敷色方面确是以青绿及朱的系统所成，主要是分成深浅的处理方法。底色多深赭，花纹色则鲜艳，青、绿、黄、紫都有，每色分两道或三道逐层加深，一边加重白粉几乎成白色，并描一条白粉线，做成花或叶受光一面的效果，另一边则加深颜色再用一道灰色或暗褐色，略如受影一面的效果。目的当然是为仿雕刻所产生的凹凸。在沿用中这个方法较机械的使用久了便迷失了目的，讹误为纯粹装饰的色彩分配时大半没有了凹凸效果而产生了后代彩画所称的“退晕”法，即每色都分成平行于其轮廓的等距离线，由深到浅或由浅到深，称退晕。几个颜色的退晕交织在一个图案中，混合了对比与和谐的最微妙的图案上作用。这种彩画和写实有绝对的距离，非常妍丽而能使彩色交互之间融洽安静没有唐突错杂之感。

以线纹为主的中国传统的虽然有色的图案仍然是老老实实着重于线条的萦绕的。如龙蛇纹或如漆器铜器上的饰纹等，但两线间可有“面”，这种“面”上还加线可受不同颜色的支配，使主要图案显露在底色以上，但图案仍以线和面相辅而成所谓纹。这个“纹”和“地”的关系便做成装饰效果。所以最有力的是线纹的组织变化，萦绕或波动。作图时也以此为重点，便养成画工眼与手对连续线纹的控制，所谓一笔到底、一气呵成的成分，而喜欢萦迴盘绕。中国风图案的高度成就重点也就在此。这里还牵涉到技术方面工具的因素，中国传统的笔的制法和用笔的方法，下文便还要讨论到，其次是着色的面，所以对于明暗法的凹凸没有兴趣而将它改变成退晕法的装饰效果。

很显然的这两种图案，至少在敦煌，起源虽不同，而在沿用中边饰的处理方法和柱壁上飞仙云气草叶互相影响混而为一，很快的就结合成一个统一的手法不易分出彼此，如忍冬叶的变化。上文所说我们的匠师能将新因素加以变革纳入自己系统之中，这里就是一例。萦绕线条的气势再加以“退晕”着色的处理，云气山灵鬼怪龙蛇萦绕等主题上又增加了藤蔓卷草宝花枝条的丰富变化，就无比大胆而聪明的发展开来。

敦煌边饰中还有一个第三种因素，就是它受到编织物花纹影响的方面，乃至于可说是绫锦图案的应用。除用在椽楣枋等部分外，更多用在区隔墙上各画幅的框格边缘上。这不是没有原因的。上文已提到过敦煌洞窟是建筑物，尽管它的来源是印度和西域，它同时还是在中国本土上的建筑物，不可能完全脱离中国建筑中许多构成因素。中国建筑装饰的传统里有同丝织物密切的关系的一面，所以敦煌洞窟的装饰图案必然地也会有绫锦花纹这一方面的表现。

更早的我们尚缺资料，只说远在秦汉，我们所知道的一些零星记录。秦始皇的咸阳宫是“木衣绨绣，土被朱紫”便是足够说明当时的建筑物的土壁上有画，而木构部分则披有锦绣。在汉代的许多殿内则是“以椒涂壁，被以文绣”，或是“屋不呈材，墙不露形，裛以藻绣，络以纶连。”所谓“裛”，据文选李善注“裛，缠也”，“纶，纠青丝绶也”。这些“文绣”和“藻绣”起初当然是真的丝织缠着挂着的，后来便影响到以锦绣织文为图案描到壁上的木构部分，如我们在汉砖柱和汉石祠壁上横楣横带上所见。

最初壁上的藻绣同当时衣服上的丝织绫锦又有没有关系呢？有的，《汉书·贾谊传》里：“美者黼绣是古天子之服，今富人大贾嘉会召客者以被墙！”又如：“今庶人屋壁得为帝服”，及“富人墙屋被文绣，天子之后以缘其领，庶人孽妾缘其履”。都说出了做衣服的丝织竟滥用到墙上去，且壁上的文绣的图案也可以用到衣领和鞋的边缘上来。在敦煌画中盛唐人物的衣领袖口边饰图案的确同用在墙上画幅周围的最多是相同的。

记载资料中如唐张彦远的《历代名画记》中论，“装背裱轴”就说明六朝已有裱褙字画的办法。那么绫锦和画幅自然又有密切关系，在唐时丝织花纹又发展到壁画的框沿上自是意中事。汉武氏祠石刻画壁上横隔的壁带上用的是以斜方形为装饰的图案。汉画象砖的边缘不但用棱形方格，也多用上下锐角的波纹，都可由于丝织物的编纹而来的图样。在敦煌早期窟中椽上和藻井支条上也多用斜方格图案。这种斜方格或棱形图案亦多见于人物衣上，更无疑的是丝织物所常用的织纹。汉称锦为织文，《太平御览》曾引《西京杂记》汉宣帝将其幼时臂上所带宝镜“以琥珀筒盛之，缄以斜文织成”。在这方面我们还有两处宋代的资料。一是宋代所编的《营造法式》一书里论“彩笔作”的一篇中称棱形图案为“方胜合罗”，“方胜”本为斜方形的称呼，“罗”字指明其为丝织。又一处是宋庄绰《鸡肋篇》中说“锥小儿能燃茸毛为线织方胜花”，可见斜方形花是最易编织的花纹图案。在唐大历六年关于丝织花纹的禁令上所提到的名称，如盘龙、对凤、孔雀、芝草、万字等中间也有“双胜”之名，当是重叠的菱形图案。菱形的普遍地作为丝织物图案当无疑问。敦煌中菱形花也在早期洞中用于椽和支条上，更可注意它是继续原来传统，如在汉砖柱砖楣上所见。

敦煌边饰除卷草外最常见的是画幅周沿的“文绣”文，而“文绣”文中除菱形外就是“圆窠”。这两者之外就是半个略约如棱形的花纹的对错，和半个“圆窠”花纹的对错，此外就是“一整两破”的菱形或图案。这些图案也都最常见于衣缘，证明其为文绣绫锦的正常图案。唐绫锦的名称中就有“小圆窠”、“窠文锦”、“独窠”、“四窠”、“镜花绫”等都是表示文绣中的团花纹的。而其中的“独窠”当是近代所谓大团花。内中花纹如对雁、对鹰、对麒麟、对狮子、对虎、对豹，在唐武则天时曾是表示官职荣誉的，而在唐开元十九年玄宗时又曾敕六品以下“不得着独窠绣绫，妇人服饰各依夫子”等语，如此严重当已成为阶级制度的标志了。几何纹的图案中还有一种龟甲锦文，也是唐的典型称龟背锦的，常见于人物衣袍上面。此外在唐以前北魏西魏和隋的洞窟边饰中还有多种非中国的丝织物花纹，显著的表现着萨珊波斯的来源，如新月形飞马大圆窠孔雀翎等。这些图案多用小白粉点、小圆圈或连珠圆点等点缀其间，疑为腊染手法所产生的处理方法，但这些图案不多见于建筑物上，而是描于人像衣服上的。显为当时西域传入的波斯系之丝织物，不属于中国的锦文类内。

总之，敦煌图案花纹有主要的三种来源。一是伊兰系的石刻浮雕上的图案花纹，代表这种的是各种并列的忍冬叶纹。二是秦汉建筑物上的云气龙纹系统的图案，这种图案在敦煌多散见于壁画上或人字坡下木椽之间等。三是“文绣”锦文的系统，多见于画幅周沿，亦见于人物衣领上者。这三种来源基本地都是发展在建筑结构上的装饰同建筑结合在一起的。第一，第二两种来源性质虽不相同，但在敦煌的条件下它们都是以粉彩画装饰建筑中的虚构的结构部分，既非石造也非木构，只是画在泥壁上的长条边饰，所以很快的就彼此混合产生如云又如龙的长条草叶装饰图案。唐卷草就是最成熟的花样。以上的三种图案在敦煌的洞窟外木造建筑部分中也被应用在梁柱门楣藻井支条上。后代所常用的丰富的中国建筑彩画的主要源流都可以追溯至此。同时在敦煌之外的地区里凡是金属和木作的器物，玉作石刻的装饰也都可以应用这些为刻镂的图案。唐宋所发展的彩缯锦绣丝织上的纹样也同这里建筑上所见的彩画系统始终保持着密切关系，互相影响。唐宋绫锦无疑的也常用卷草，所谓盘条缭绫不知是否。此外今日所知织锦名称中唐宋以来只有“瑞草”一名提到草的图案，其他如“偏地杂花”“重莲”“红细花盘雕”等则无一指示其为卷草，而都着重于卷在它们当中的花。在实物方面和画中人物的衣上所见到若干证例，也是以草卷花而名称，当然便随花了。在建筑上后代用菱形龟背鳞甲锦文的彩画则极普遍，宋《营造法式》的彩画作中就详画各种锦文的规格名称，锦文在彩画中始终占重要位置。

这一切都不足为怪，事实上佛教绘画中的一切图案都发展到整个工艺范围以内的装饰方面。或绘、或雕、镶嵌、刻镂、或织、或绣、陶瓷、五金，各依材质都可以灵活处理，普遍的应用起来，各地发掘唐墓中遗物，和日本皇室所保存的唐代器物都可供参证。当中国佛教艺术兴盛之时，造像同工艺美术也随着佛教的传播流传入朝鲜和日本。现在从朝鲜三国时期，和日本推古宁古天平、平安的遗物里都看得清清楚楚南北朝和唐的影响。日本至今对北魏型或唐代卷草都称作“唐草”，尤为有趣。

第三节　北魏的忍冬草叶纹和唐卷草纹

敦煌图案中最引人注意的是北魏洞中四瓣侧面的忍冬草叶的图案类型，和唐卷草纹的多种变化和生动；再次则为忍冬以外手法和题材上显然为各种外来新鲜因素的渗入。如白粉线和小散花的运用，题材中的飞马连珠等，末后则是绫锦纹的种类和变化。今分述如下：

北魏忍冬草叶纹

在全世界里的各种图案体系中追寻草叶纹的根源，发现古代植物花纹是极少而且极简单的。埃及的确有过花草类图案，它有过包蕊水莲和芦苇花等典型的几种，但这些传到希腊体系的图案时已演成“卵和箭簇”的图案，原样已变动得不可辨认，在小亚细亚一带这一类“卵和箭簇”和尖头小叶瓣都还保持使用，至传入印度北部的犍陀罗雕刻时这两种的混合却变成了印度佛教像座或背光上最常用的莲瓣。后来随佛像传入中国便极普遍地为我们所吸引，我们的南北朝期的仰莲覆莲、莲瓣纹都有极丰富的发展，是各种像座和须弥座上最主要的图案，而且唐宋以来还应普遍的应用到我们的柱础上。

第二种可以称为植物花样的只有巴比伦——亚速系统的一种“一束草叶”的图案，和极简单的圆形多瓣单朵的花。除此之外，说也奇怪，世界上早期的图案中，就没有再找到确为花或草的纹样。原始时期的民族和游牧狩猎时代产生了复杂的几何纹和虫蛇鸟兽，对于花草似乎没有兴趣。就是这“一束草”也还不是花叶，只不过是一把草叶捆在一起的样子。“一束草”图案是七个叶瓣束紧了，上端散开，底下托着的梗子有两个卷头底下分左右两股横着牵去，联上左右两旁同样的图案，做成一种横的边饰。这种边饰最初见于亚速的釉墙上面。这个式样传到小亚细亚西部，传到古希腊的伊恩尼亚，便成了后来希腊建筑雕刻上一种重要图案。上面发展出鸡爪形状的叶瓣，端尖向内，底下两个卷头扩大了成为那种典型的伊恩尼亚卷头。在希腊系中这两个卷头底下又产生出一种很写实的草叶，带着锯齿边的一类，寻常译为忍冬草的，这种草叶，愈来愈大包在卷头的梗上，梗逐渐细小变成圈状的缠绕的藤梗。这种锯齿忍冬叶和圈状梗成了雕刻上主要图案，普遍盛行于希腊。最初的正面鸡爪形状叶反逐渐缩小，或成侧置的半个，成为不重要部分。另外一种保持在小亚细亚一带，亦用于希腊古代红陶器上的，是以单纯黑色如绘影的办法将“一束草”倒转斜置，而以它的卷头梗绕它的外周。这也可说是最早的“卷草纹”，这图案亦见于意大利发掘的古代伊脱拉斯甘的陶棺上。这种图案梗圈以内的组织仍然是同原来简单的“一束草”没有两样。

锯齿边的忍冬草在伊恩尼亚卷下逐渐发展得很大也很繁复，成为希腊艺术中著名的叶子。叶名为“亚甘瑟斯”，历来中国称忍冬叶想是由于日本译文。亚甘瑟斯叶子产于南欧，在哥林斯亚的柱头上所用的就最为典型。每一叶分若干瓣，每一瓣再分若干锯齿；瓣和瓣之间相连不断，仅作绉纹，纹凸起若脉络。另一特征是这种叶子的脉络不是从中心一梗支分左右，而是从叶座开始略平行于中间主脉，如白菜叶的形状。

这种写实的“亚甘瑟斯”叶子发展到成熟时，典型的图案是以数个相抱的叶子做个座，从它们中间长出又向左右分开的两个圈状的梗，两梗分向左右回绕，但每梗又分两支，一支向内缠卷围绕，一朵圆形花在它圈中，另一支必翻转相反的方向又自作一圈。沿梗必有侧面的亚甘瑟斯叶包裹在上面，叶端向外自由翻卷做成种种式样。这个图案在罗马全盛时代在雕刻中最普遍，始终极其变化写实的能事。它的画法规则很严格，在文艺复兴后更是被建筑重视而刻意摹仿。所以这种亚甘瑟斯或忍冬卷草是西方系统古典希罗艺术主要特征之一。凡是叶形的图案，几乎无例外的都属于这个系统。

但在敦煌北魏洞中所见是西域传入的“忍冬草叶”图案，不属于希罗系统。它们是属于西亚细亚伊兰系的。这种叶子的典型图案是简单的侧面五瓣或四瓣，正面为三瓣的叶子，形状还像最初的一束草，正像是从小亚细亚陶器上的卷草纹发展出来的。这个叶子由一束分散的草瓣发展到约略如亚甘瑟斯的写实叶子。主要是将瓣与瓣连在一起成了一整片的叶子。它不是写实的亚甘瑟斯而是一种图案中产生的幻想叶子。它上面并没有写实的凸起的筋络，也不分那繁复的锯齿，自然规则大小相间而分瓣等等。这种叶子多半附于波状长梗上左右生出，左旋右转地做成卷草纹边饰图案的。

这种叶瓣较西方的亚甘瑟斯叶为简单而不写实，但极富于装饰性。叶子分成主要的数瓣，瓣端或尖或卷按着旋转的姿势伸出或翻转。侧面放置时较为常见都是分成两三个短瓣一个长瓣，接近梗的地方常另有一瓣从对面翻出，变化也很多。如果是正面安置时，正中一瓣最长，两旁强调最下一瓣向外的卷出，整个印象还保持着“一束草”雏型时的特征，底下的两卷则变化较大，改成种种的不同的图案。这种的忍冬卷草叶纹是东罗马帝国时代拜占庭雕刻的特点。这种叶子所组织成的卷纹图案也曾受一些西罗马系的影响，所以有一些略近于亚甘瑟斯卷纹。但在大体上是固执的伊兰系的幻想的忍冬叶。罗马帝国灭亡之后，由基督教再传入欧洲时最普遍地见于中世纪早期的基督教雕刻与绘画上，更多见于地木雕板和象牙雕刻上。这就是著名的罗曼尼斯克的草纹，当时完全代替了古典的罗马写实卷草，不但盛行于西欧各处中世纪教堂中，也普遍的出现于北欧和东欧的雕刻图案上。

在敦煌早期洞窟中所见的忍冬叶有极不同的两种。一种就是这里所提到的道地的伊兰系的忍冬叶。组织成雕刻型的边饰，以粉彩用凹凸法画出的。这种图案很多是将侧面叶子两两相对，或颠倒相间排列成横条边饰，如在几个北魏洞的壁带上，墙头上和佛龛券沿上所见。这种图案显然是由西域输入的。但很多凹凸法已因色彩的分配只有装饰效果没有起伏。另一种是画在墙壁上段壁画中的。在一列画出的幕沿和垂带底下，一整组的叶子和一个飞仙约略做成一个单位，成列地横飞在空中，飘荡地驾在云上。幕和垂带，飞仙的飘带，披肩，衣裙，周边忍冬叶都像随着大风吹偏在一面。这种运用腕力自由地在壁上以伶俐洒脱的手笔画出的装饰图案，是完全属于汉代两晋画风的。这种同飞仙云气一起回荡的忍冬叶不组织成为边饰，只是单个的忍冬叶子的式样是属于上面所说的伊兰系统的图案。两两相对雕刻型的忍冬叶边饰中叶子和这一种作风和处理方法如此之不同，却同见于一个早期的洞内，说明雕刻型的保持着西域输入的原状，且装饰在石造建筑物原有这种雕刻的位置上，而绘画型的则是完全以自己民族形式的手法当作画壁来处理，老实不客气的运用所谓“柱壁皆画云气，花卉，山灵，鬼怪的”作风，将忍冬叶也附带的吸收进去。这样的忍冬叶虽来自西域，但经中国画师之手和飞仙组织在一起，叶瓣也像凭风吹动，羽化登仙，气韵生动飘洒自然完全的民族形式化了，洞壁上部所见就是一例。前边所提出当时画工是否能吸收新鲜养料，而保持原有优良体系而更加丰富起来，这种忍冬叶的汉化就给我们以最肯定的回答。

更可惊异的是这完全以汉画手法来处理的忍冬叶，和含有雕刻性质的伊兰系的忍冬叶图案，并不从此分道扬镳，各行其是。很迅速的它们又互相影响。绘画型的豪放生动的叶子竟再组织到边饰的范围内，且还影响到真正石刻上的忍冬叶图案，使每个叶子的姿势脱离了原来的伊兰系的呆板而大为活泼。南北响堂山石窟寺石楣上忍冬草纹的浮雕实可算雕刻图案中的杰作，尤其是浮雕极薄也是出于传统手法，刻工精美而简练，更产生特殊的效果。这种经过汉风变革过的伊兰系忍冬草纹也是当时传入朝鲜日本的最典型的图案之一，且是唐以前的一种特征。因为它同盛唐的卷草纹又极为不同。唐初所发展的草叶另属一个系统，彼此之间仅有微妙的关系，当在唐卷草一节中再详细讨论了。

北魏到隋的洞窟中有极明显的外来因素，还没有经过自己体系的融化收纳的，这外来的手法特征仅有某一些是所谓健陀罗风，由于发掘资料知道佛像在西域多采用模型翻制，所以相当保有浓重的健陀罗中希腊意味，情形同画壁显著受波斯风手法的不同。在敦煌洞中塑像曾几经重装很难指出原来的特点，但在佛座上所刻莲瓣而论，健陀罗风是充足的。除此之外在画壁上多处所见的不是汉晋的手法就是浓重的波斯型的西域作风。在装饰上使我们最注意的是用白粉描线和打小点子等手法，尤其是龛壁底色是深色的。这种白粉线的应用同库车附近各窟中的画壁上的很近似，白粉很显明的是当时龟兹伊兰语系民族索格特的画工所常用的画料。在中国白粉从汉代起就曾应用于彩画的陶器上面。但汉宫典质里提到："以胡粉……①

未完，底下尚未找着。②

① 后文已丢失。

② 林徽因注。